Wissenschaftliche Taschenbücher WTB

Mathematik · Physik

Albrecht Rost

Messung dielektrischer Stoffeigenschaften

Akademie-Verlag · Berlin

WTB

BAND 242

Albrecht Rost

Messung dielektrischer Stoffeigenschaften

Mit 82 Abbildungen und 2 Tabellen

AKADEMIE-VERLAG · BERLIN

Reihe MATHEMATIK UND PHYSIK

Verfasser:

Dr. rer. nat. Albrecht Rost

Sektion Physik der Martin-Luther-Universität
Halle—Wittenberg

1978
Erschienen im Akademie-Verlag, 108 Berlin, Leipziger Straße 3—4

Lizenznummer: 202 · 100/437/78
Herstellung: VEB Druckhaus „Maxim Gorki", 74 Altenburg
Bestellnummer: 762 548 9 (7242) · LSV 1154
Printed in GDR
DDR 12,50 M

Vorwort

Bei der Beschäftigung mit dielektrischen Messungen an nichtlinearen Dielektrika wurde es als Mangel empfunden, daß es, abgesehen von Übersichtskapiteln in Handbüchern, keine zusammenfassende Darstellung der verschiedenen, sich über einen großen Frequenzbereich erstreckenden Meßverfahren gibt. Vielmehr werden in Abhandlungen über bestimmte Teilgebiete der Elektrotechnik und in Originalarbeiten oder Übersichtsartikeln stets nur einzelne, für bestimmte Meßaufgaben anwendbare Methoden und Geräte beschrieben.

In diesem Büchlein soll deshalb versucht werden, einen Überblick über die Methoden zur Messung dielektrischer Stoffeigenschaften zu geben, wobei neben den eigentlichen DK-Meßverfahren auch die hauptsächlichen Verfahren zur Untersuchung nichtlinearer Dielektrika behandelt werden. Es wendet sich damit sowohl an Studenten unterschiedlicher naturwissenschaftlicher und technischer Fachrichtungen, um sie mit diesen Meßmethoden bekannt zu machen, als auch an Wissenschaftler, Ingenieure und Techniker, die sich mit dielektrischen Untersuchungen, sei es in der Forschung oder in der Werkstoffkontrolle, befassen. Dabei wird nicht so sehr auf die ausführliche mathematische Behandlung einzelner Meßmethoden Wert gelegt — dazu wird auf spezielle Literatur verwiesen — als vielmehr auf eine anschauliche Darstellung, die es dem Leser gestattet, die Eignung eines Verfahrens für eine ganz konkrete meßtechnische Aufgabe einzuschätzen, den experimentellen und auswertetechnischen Aufwand verschiedener Meßmethoden gegeneinander abzuwägen sowie die auftretenden systematischen Fehler abzuschätzen und experimentell oder durch Korrekturrechnungen auszugleichen.

Um in der Darstellung der vielen verschiedenen Methoden zur Messung der Dielektrizitätskonstanten eine gewisse Systematik zu erreichen, mußte ihre Einteilung nach einem bestimmten Gesichtspunkt erfolgen. Ich entschied mich für eine Gliederung nach Frequenzbereichen, die nach meiner Auffassung am besten der meßtechnischen Praxis entspricht, auch wenn sich an den Grenzen der einzelnen Frequenzbereiche z. T. beträchtliche Überschneidungen ergeben. Die Gleichungen wurden in den einzelnen Kapiteln fortlaufend numeriert, allerdings nicht durchweg, sondern nur, soweit es ihr Zitat im Text erforderlich machte. Auf eine Zusammenstellung der verwendeten Symbole wurde verzichtet; ihre Bedeutung wird bei ihrer Einführung im Text oder durch Abbildungen erläutert, ggf. auch mehrmals. Die zitierte Literatur wurde durchgehend numeriert.

Herrn Prof. Dr. G. Schmidt bin ich für die Anregung zu diesem Band, ihm und meinen Kollegen Dr. H. Beige und Dr. C. Scheiding für die Durchsicht des Manuskriptes und viele wertvolle Hinweise zu Dank verpflichtet.

Halle, September 1976

Albrecht Rost

Inhaltsverzeichnis

1. Einleitung

Zwei Beispiele sollen die Bedeutung anschaulich machen, die der Messung dielektrischer Stoffeigenschaften in vielen Bereichen von Technik und Wissenschaft zukommt. So ist die genaue Kenntnis der Dielektrizitätskonstanten von Isolier- und Kondensatorwerkstoffen die Voraussetzung für ihre Anwendung in den verschiedensten Gebieten der Elektrotechnik, Elektronik und Nachrichtentechnik. Andererseits gestattet die Kenntnis der Abhängigkeit der dielektrischen Eigenschaften eines bestimmten Stoffes von anderen Parametern, wie z. B. der Frequenz des angelegten elektrischen Wechselfeldes oder der Temperatur der Probe, Aussagen über phänomenologische oder mikroskopische Modelle. Ihre Messung ist daher eine wichtige Methode der Physik aller Aggregatzustände.

Zur Bestimmung der Dielektrizitätskonstanten über einen weiten Frequenzbereich ist aus der Literatur eine Vielzahl verschiedener Meßmethoden bekannt geworden. Aber wenn auch die experimentelle Technik und die Auswerteverfahren unterschiedlich sind, lassen sie sich doch auf wenige grundsätzliche Methoden zurückführen (Abb. 1). Beschränkt man sich auf einen Frequenzbereich, in dem die geometrischen Abmessungen der gesamten Meßanordnung oder mindestens der Probe klein gegenüber der Länge der elektromagnetischen Welle sind, die der Frequenz des elektrischen Wechselfeldes entspricht, kann man die Probe einfach als verlustbehafteten Kondensator auffassen und ihre Dielektrizitätskonstante aus Impedanz- oder Admittanzmessungen bestimmen (Kap. 2 und 3). Ist dagegen die Frequenz so hoch, daß eine quasistationäre Beschreibung nicht mehr möglich ist, dann lassen sich die dielektrischen Kennwerte mittels elektromagnetischer Wellen im betreffenden Stoff bestimmen (Kap. 4). Die Verfahren zum Messen der Dielektrizitätskonstanten erstrecken sich also über das gesamte elektromagnetische Spektrum. Im Rahmen dieser Darstellung ist es aber nicht möglich, auch auf die optischen Untersuchungsmethoden einzugehen, sondern die Betrachtungen müssen auf elektrische Meßmethoden beschränkt werden.

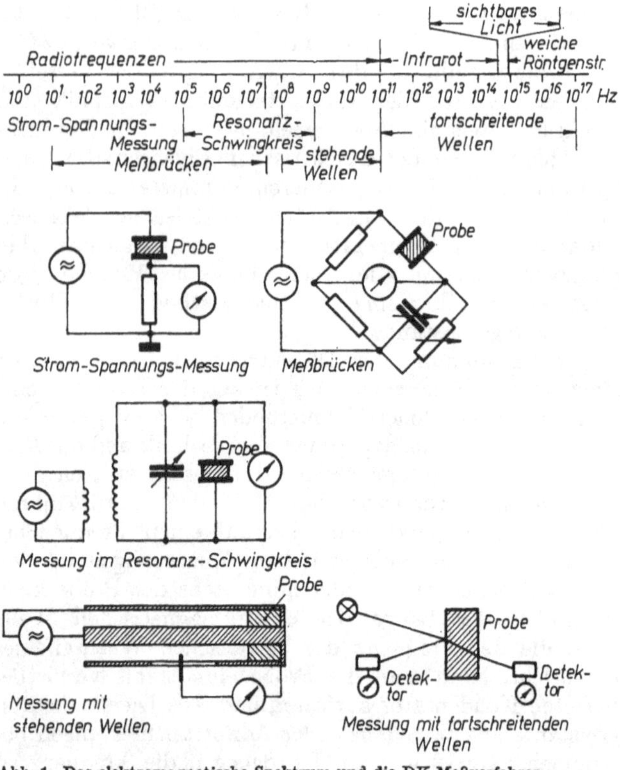

Abb. 1. Das elektromagnetische Spektrum und die DK-Meßverfahren

Die meßtechnischen Voraussetzungen müssen in jedem Fall so beschaffen sein, daß die Ergebnisse tatsächlich überwiegend durch die zu untersuchenden Stoffeigenschaften bestimmt werden. Unvermeidbare verfälschende Einflüsse der Apparatur oder des Verfahrens müssen bekannt sein und durch Korrekturen mit ausreichender Genauigkeit eliminiert werden können. Wichtige systematische Fehler und ihre Korrektur werden deshalb im Zusammenhang mit den betreffenden Meßverfahren behandelt.

Um besonders bei der Beurteilung der Eigenschaften von Isolierstoffen zu einheitlichen Aussagen über ihre dielektrischen Kennwerte zu gelangen, sind im Normblatt TGL 32759-02 (alte TGL 200-0006; DIN 53483) „Bestimmung der relativen Dielektrizitätskonstante und des dielektrischen Verlustfaktors“ ausführliche Vorschläge über die im Frequenzbereich 50 Hz ··· 10 GHz zu verwendenden Meßanordnungen gemacht worden. Dabei wurde dieser Frequenzbereich folgendermaßen unterteilt: bis etwa 100 kHz sollen Kapazitätsmeßbrücken und Stoffmeßkondensatoren mit Schutzringelektrode eingesetzt werden, bis 100 MHz Gütefaktormesser mit schutzringlosen Stoffmeßkondensatoren, und bei Frequenzen oberhalb 100 MHz sollen Apparaturen zur Bestimmung der Ausbreitungskonstanten in stofferfüllten Koaxialleitungen verwendet werden. Dabei sind die für die einzelnen Verfahren angegebenen Frequenzgrenzen nur als Richtwerte anzusehen. Tatsächlich ergibt sich hinsichtlich der mit den verschiedenen Methoden erfaßbaren Frequenzbereiche eine ziemlich weite Überlappung.

Bei vielen dieser Meßverfahren wird davon ausgegangen, daß es sich bei den zu untersuchenden Dielektrika um homogene, isotrope Stoffe handelt. Die Untersuchung anisotroper Dielektrika macht es erforderlich, die Proben definiert bezüglich der Richtung des elektrischen Feldes zu orientieren, um die Richtungsabhängigkeit der dielektrischen Eigenschaften erfassen zu können. Diese Forderung führt zu erheblichen theoretischen und meßtechnischen Problemen vor allem bei Frequenzen oberhalb 100 MHz. Aus der Literatur sind aber Methoden bekannt, die diesen Anforderungen genügen. Auf ihre theoretischen und experimentellen Grundlagen soll ebenfalls eingegangen werden (Kap. 4). Abschließend werden einige Meßverfahren vorgestellt, die speziell der Untersuchung nichtlinearer Dielektrika dienen (Kap. 5).

1.1. Nichtleiter im elektrischen Feld — die elektrische Polarisation

Unter der Einwirkung eines elektrischen Feldes kommt es in jedem Körper infolge der Kraftwirkung auf die geladenen Bausteine der Materie zu einer Zustandsänderung. Während sich aber in einem Leiter die frei beweglichen Ladungsträger so lange verschieben, bis das elektrische Feld in seinem Innern verschwindet, können die geladenen Bausteine eines Nichtleiters nur so weit aus ihrer ursprünglichen Gleichgewichtslage ausgelenkt werden, bis die rücktreibenden Kräfte gleich den durch das elektrische Feld erzeugten sind. Da die positiv und negativ geladenen Teilchen entgegengesetzt verschoben werden, wird jedes Volumenelement des Körpers zum elektrischen Dipol; man sagt, der Körper werde unter dem Einfluß des elektrischen Feldes polarisiert. Auf gegenüberliegenden, zur Polarisationsrichtung senkrechten Oberflächen des Körpers entstehen elektrische Ladungen, die man aber nicht wie die durch Influenz auf einem Leiter erzeugten ableiten kann; man nennt sie daher auch scheinbare Ladungen. Ihre Flächendichte ist ein Maß für die elektrische Polarisation.

1.1.1. Klassische Beschreibung der elektrischen Polarisation

Ausgehend von einem mikroskopischen Strukturmodell kann man verschiedene Mechanismen ableiten, die die Polarisation eines Stoffes im elektrischen Feld beschreiben. Eine exakte Darstellung dieser Erscheinungen [1, 2] geht allerdings weit über den Rahmen unserer Betrachtungen hinaus. Trotzdem sollen die einzelnen Mechanismen auf der Grundlage einer klassischen Beschreibung kurz erläutert werden, da sich bereits aus diesen vereinfachten Modellvorstellungen [3, 4] wichtige Hinweise z. B. auf die Frequenzabhängigkeit der dielektrischen Stoffeigenschaften ergeben. Dabei wollen wir uns vorläufig auf Nichtleiter beschränken, die sich in einem statischen elektrischen Feld befinden mögen.

Gehen wir zunächst einfach davon aus, daß Materie aus positiv geladenen Atomkernen aufgebaut ist, die von einer negativ geladenen Elektronenhülle umgeben sind, wobei die Schwerpunkte der verschiedenen Ladungen eines Atoms zusammenfallen. Unter dem Einfluß eines elektrischen Feldes wird sich der Ladungsschwerpunkt der Hülle gegenüber dem des Kernes verschieben. Die so in jedem einzelnen Atom erzeugten Dipolmomente (Abb. 2a) ergeben als Summe die Elektronenpolarisation des Stoffes.

Bei Molekülen mit reiner oder überwiegender Ionenbindung kommt es auf Grund der unterschiedlichen Ladungen zu unterschiedlichen Verrückungen der Atome aus ihren Gleichgewichtslagen (Abb. 2b). Durch diese Atompolarisation — auch Ionen- oder Gitterpolarisation genannt — wird in jedem Molekül ein Dipolmoment induziert.

Schließlich gibt es Stoffe, deren Moleküle bereits durch eine unsymmetrische Ladungsverteilung permanente elektrische Dipolmomente besitzen, deren Orientierung jedoch i. allg. durch die Wärmebewegung statistisch verteilt sein wird, so daß das resultierende Dipolmoment verschwindet. Ein elektrisches Feld bewirkt eine Orientierungspolarisation, wobei es zu einem Gleichgewicht zwischen dem durch das Feld verursachten Ordnungszustand und der thermisch bedingten Unordnung kommt (Abb. 2c). Daher wird sich dieser Mechanismus gegenüber den vorher beschriebenen durch eine charakteristische Temperaturabhängigkeit ausweisen.

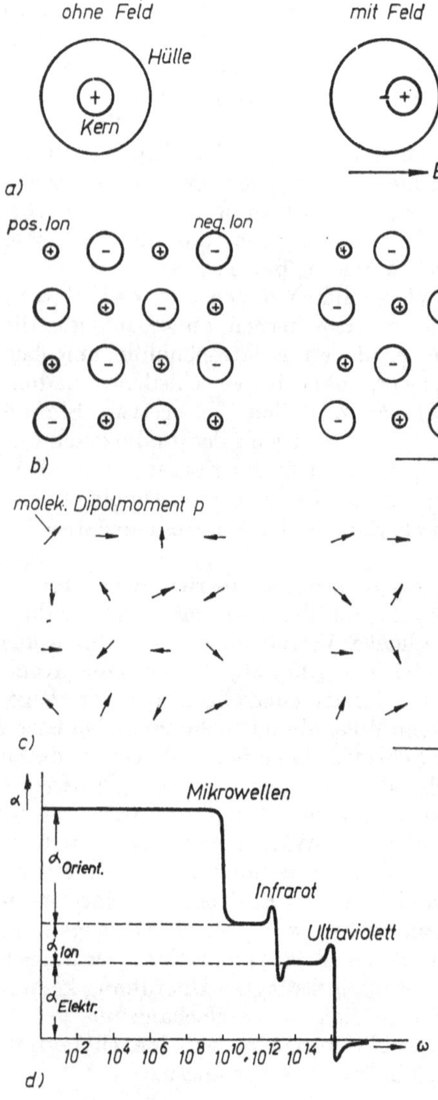
ohne Feld
mit Feld
Hülle
Kern
E
a)
pos. Ion
neg. Ion
b)
molek. Dipolmoment p
c)
Mikrowellen
Infrarot
Ultraviolett
α
α Orient.
α Ion
α Elektr.
10^2 10^4 10^6 10^8 10^10 10^12 10^14
ω
d)

Ein weiterer Beitrag zur Polarisation kann auftreten, wenn unter dem Einfluß des elektrischen Feldes Ladungsträger durch das Gefüge des Dielektrikums wandern, aber durch Inhomogenitäten oder Zwischenschichten in ihrer Beweglichkeit eingeschränkt werden und sich dadurch an den Elektroden nicht frei entladen können. Die so entstehenden Raumladungen wirken wie eine zusätzliche Polarisation.

Diese einzelnen Polarisationsmechanismen lassen sich experimentell voneinander trennen, wenn man als Ursache nicht länger ein statisches elektrisches Feld betrachtet, sondern den Einfluß eines elektrischen Wechselfeldes untersucht. Es leuchtet ein, daß Anteile der Polarisation, die auf der Bewegung der leichtesten Teilchen beruhen, einer zeitlichen Änderung der elektrischen Feldstärke am schnellsten folgen können. Die Einstellzeit der Elektronenpolarisation beträgt etwa 10^{-14} bis 10^{-15} s, sie kann also noch den Schwingungen des elektrischen Feldes einer Lichtwelle folgen. Die Einstellzeit der Atompolarisation dagegen ist vergleichbar mit der Periodendauer kurzwelliger Wärmeschwingungen im Kristallgitter. Sie beträgt ungefähr 10^{-12} bis 10^{-13} s und entspricht dem infraroten Spektralgebiet. Das bedeutet aber, daß durch höherfrequente elektrische Felder keine Atompolarisation mehr induziert werden kann. Die Relaxationszeiten permanenter elektrischer Dipole schließlich liegen bei 10^{-9} bis 10^{-11} s.

Demnach wird die Polarisierbarkeit eines Stoffes in charakteristischer Weise von der Frequenz abhängen (Abb. 2d), und entsprechende Messungen sind u. a. für

---

Abb. 2. Klassische Modelle zur Beschreibung der Polarisation der Dielektrika im elektrischen Feld (schematisch)
a) Elektronenpolarisation
b) Atompolarisation
c) Orientierungspolarisation
d) Frequenzabhängigkeit der Polarisierbarkeit α

die Untersuchung des Aufbaues und der Wirkungsweise der Dielektrika von Bedeutung. Dabei müssen aber auch Erscheinungen, die an das Auftreten der Piezoelektrizität geknüpft sind, berücksichtigt werden. Bei einer piezoelektrischen Probe wird das elektrische Feld außer der Polarisation des Stoffes über den reziproken piezoelektrischen Effekt eine Deformation der Probe erzeugen. Ist jedoch die Frequenz des elektrischen Wechselfeldes so hoch, daß Trägheitskräfte eine Deformation der Probe verhindern, so treten mechanische Spannungen auf, die über den direkten piezoelektrischen Effekt einen negativen Beitrag zur Polarisation liefern [5]. Man wird also verschiedene Werte der Polarisation messen, je nachdem sich die Probe ungehindert deformieren kann oder nicht. Die mechanischen Eigenresonanzen von Proben üblicher Abmessungen — diese liegen im Bereich von einem Millimeter bis zu wenigen Zentimetern — liegen bei 10^3 bis 10^6 Hz. Oberhalb dieser Frequenz werden die Proben durch Trägheitskräfte geklemmt. In diesem Frequenzbereich wird demnach bei piezoelektrischen Stoffen eine erste dielektrische Dispersion auftreten.

Nach unseren Modellvorstellungen ist also die elektrische Polarisation eines Stoffes mit der Verrückung seiner Bausteine verknüpft. Die dazu erforderliche Arbeit verrichtet das elektrische Feld. Es muß der Probe demnach elektrische Energie zugeführt werden, die im polarisierten Stoff gespeichert und nach Abschalten des Feldes wieder freigesetzt wird. Nun bedingt aber jeder reale Bewegungsvorgang die Umwandlung eines Teiles der zugeführten Energie in Wärme. Das trifft auch auf die Polarisationsmechanismen zu. Diese Energieverluste werden besonders groß sein, wenn es z. B. zu einer Resonanzanregung bestimmter Polarisationsvorgänge im elektrischen Wechselfeld kommt; sie hängen also ebenfalls in charakteristischer Weise von der Frequenz ab und lassen Rückschlüsse auf die Polarisationsmechanismen zu.

1.1.2. Die Dielektrizitätskonstante

Da es unser Ziel ist, aus makroskopischen Messungen Aussagen über die Polarisationseigenschaften von Stoffen zu gewinnen, empfiehlt es sich, zu einer phänomenologischen Betrachtungsweise überzugehen. Dabei werden die betreffenden Eigenschaften der Stoffe ohne Berücksichtigung der mikroskopischen Vorgänge durch Konstanten beschrieben, die der Messung unmittelbar zugänglich sind. Diese Stoffkonstanten sind aber i. allg. keine im mathematischen Sinne konstanten Größen, sondern werden vielmehr von verschiedenen Parametern abhängen. Aus dieser Art der Beschreibung lassen sich auch Schlußfolgerungen auf mögliche Meßverfahren ableiten.

Betrachten wir zunächst eine Anordnung aus zwei im Abstand d zueinander parallel stehenden, kreisförmigen Metallplatten mit der Fläche A und dem Radius r. Solch eine Anordnung heißt Plattenkondensator (Abb. 3a). Verbindet man eine Platte mit dem positiven, die andere mit dem negativen Pol einer Spannungsquelle, so entsteht zwischen den Platten ein elektrisches Feld mit dem Betrag E, für das, wenn man $d \ll r$ voraussetzt, mit guter Näherung

$$E = \frac{U}{d}$$

gilt. Beide Platten tragen dann Ladungen der Größe Q, aber entgegengesetzten Vorzeichens. Die Ladungsdichte, d. h. die auf die Flächeneinheit bezogene Ladung der Kondensatorplatten, bestimmt die Größe der dielektrischen Verschiebung D:

$$D = \varepsilon_0 E = \frac{Q}{A}.$$

Zwischen Ladung und Spannung besteht demnach die Beziehung

$$Q = \varepsilon_0 \frac{A}{d} U = CU.$$

Den konstanten Ausdruck C in dieser Gleichung nennt man Kapazität des Plattenkondensators. Ganz allgemein hängt die Kapazität eines Kondensators ohne Dielektrikum nur von dessen Geometrie ab.

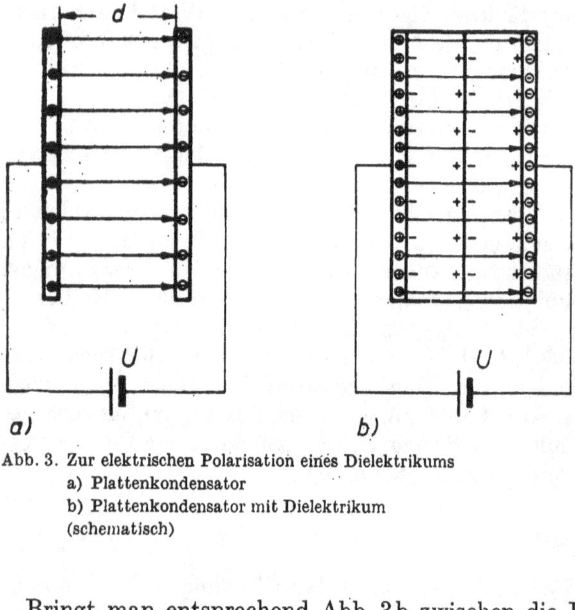

Abb. 3. Zur elektrischen Polarisation eines Dielektrikums
a) Plattenkondensator
b) Plattenkondensator mit Dielektrikum (schematisch)

Bringt man entsprechend Abb. 3b zwischen die Platten des Kondensators ein Dielektrikum, so wird dieses durch das elektrische Feld polarisiert. Durch die scheinbaren Ladungen auf seinen Oberflächen wird ein Teil der wahren Ladungen auf den Kondensatorplatten gebunden; diese können dann keinen Beitrag mehr zum elektrischen Feld liefern. Dieses wird vielmehr von der Differenz aus wahrer und scheinbarer Ladungsdichte bestimmt:

$$\varepsilon_0 E = \frac{Q}{A} - \frac{Q'}{A}.$$

Hält man entsprechend der experimentellen Anordnung nach Abb. 3b die Spannung zwischen den Platten und damit die elektrische Feldstärke konstant, so fließt eine zusätzliche Ladung auf die Platten, die gleich der durch die Polarisation erzeugten scheinbaren Ladung Q' ist, und die elektrische Verschiebung nimmt einen größeren Wert

$$D = \varepsilon_0 E + P = \varepsilon_0 \varepsilon_r E$$

an. Demnach hat sich die Kapazität des Plattenkondensators um einen Faktor ε_r vergrößert. Für den Plattenkondensator mit Dielektrikum gilt also

$$C = \varepsilon_0 \varepsilon_r \frac{A}{d};$$

ε_r nennt man relative Dielektrizitätskonstante — im weiteren kurz mit DK bezeichnet — des betreffenden Stoffes. Diese kann Werte zwischen 1 und einigen 10^4 annehmen (Tab. 1). Da demnach bei einer vorgegebenen Anordnung deren Kapazität nur noch von der DK des Dielektrikums abhängt, läßt sich deren Messung direkt auf eine Kapazitätsmessung zurückführen.

Tabelle 1
Relative Dielektrizitätskonstante einiger Dielektrika

Stoff		ε_r
Luft 0°C, 760 Torr		1,0059
Paraffin		2
Terpentinöl		2,3
PVC		2,3···3,4
Polystyrol		2,5···3,1
Glimmer		6···8
Porzellan		6
Glas		5···16
Wasser	18°C	81
Rutil TiO_2	∥*)	89
	⊥*)	173
$BaTiO_3$	20°C	~1500
	~120°C	~10^4

(*) Richtung des elektrischen Feldes, bezogen auf die tetragonale Achse)

Legen wir an einen solchen dielektrischen Kondensator mit der Kapazität C_x eine harmonische Wechselspannung $U = \hat{U} \exp(j\omega t)$, dann fließt ein Verschiebungsstrom

$$I = \dot{Q} = j\omega C_x U .$$

Die Kapazität stellt demnach einen reinen Blindleitwert $B_x = \omega C_x$ dar, der zwar elektrische Energie speichert, jedoch nicht umsetzt. Es wurde aber bereits erläutert, daß bei der Polarisation eines Dielektrikums auch ein Teil der zugeführten Energie in Wärme umgesetzt wird. Die elektrische Wechselspannung erzeugt also nicht nur einen Verschiebungsstrom, sondern auch einen um 90 Grad gegen diesen phasenverschobenen Wirkstrom, den dielektrischen Verluststrom. Im elektrischen Ersatzstromkreis bedeutet das, daß dem Blindleitwert B_x ein Wirkleitwert G_x parallelgeschaltet werden muß, während man zur phänomenologischen Beschreibung der dielektrischen Eigenschaften eine komplexe DK

$$\varepsilon_r = \varepsilon' - j\varepsilon''$$

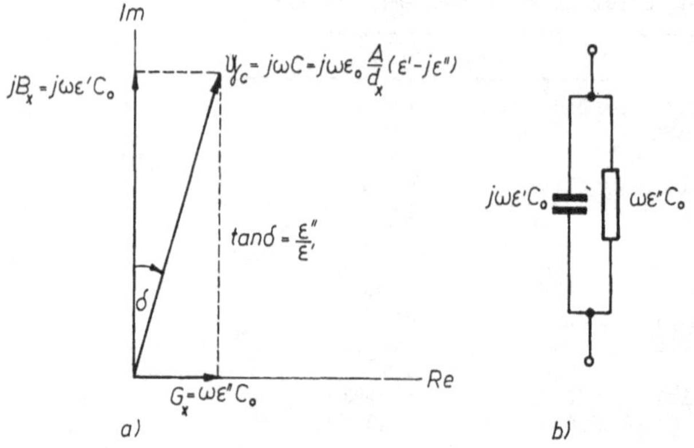

Abb. 4. Zur Einführung der komplexen DK
a) Zeigerdiagramm
b) Ersatzschaltung

einführt, wobei ε' der Kapazität und ε'' dem dielektrischen Verlustleitwert der Probe proportional ist (s. dazu Abb. 4). Für die Admittanz Y_C einer Probe der Dicke d_x gilt nämlich

$$\begin{aligned} Y_C &= j\omega C_x \\ &= j\omega\varepsilon_0 \frac{A}{d_x} (\varepsilon' - j\varepsilon'') \\ &= \omega C_0(\varepsilon'' + j\varepsilon') \\ &= G_x + jB_x \end{aligned}$$

mit dem Verlustleitwert $G_x = \omega C_0 \varepsilon''$ und der Kapazität $C_x = \varepsilon' C_0$. Man kann weiter eine dielektrische Leitfähigkeit $\sigma_d = \omega\varepsilon_0\varepsilon''$ definieren. Schließlich liest man aus dem Zeigerdiagramm

$$\tan \delta_x = \frac{G_x}{B_x} = \frac{\varepsilon''}{\varepsilon'}$$

ab. Diese Größe heißt dielektrischer Verlustfaktor.

Die Messung der komplexen DK eines Stoffes erfordert demnach die Bestimmung einer Impedanz oder Admittanz, wenn man Proben definierter Geometrie verwendet. Dabei spielt die Orientierung der Probe bezüglich des elektrischen Feldes keine Rolle, wenn es sich um ein isotropes Dielektrikum handelt, in dem der Zusammenhang zwischen der elektrischen Feldstärke und der dielektrischen Verschiebung bzw. der Polarisation richtungsunabhängig ist. Die relative DK ε_r ist ein i. allg. komplexer Skalar, der die beiden Vektoren $\boldsymbol{D}$ und $\boldsymbol{E}$ miteinander verknüpft; $\boldsymbol{D}$ und $\boldsymbol{E}$ sind zueinander parallel. Gase und Flüssigkeiten sowie amorphe und polykristalline Festkörper werden sich in der Regel dielektrisch isotrop verhalten.

Anders dagegen die anisotropen Festkörper (Kristalle), bei denen ein elektrisches Feld im allgemeinsten Falle Komponenten der Verschiebung in drei zueinander senkrechten Richtungen erzeugen kann. Die Vektoren $\boldsymbol{D}$ und $\boldsymbol{E}$ sind dann nicht mehr parallel und werden durch den DK-Tensor

$$\varepsilon_r = \begin{pmatrix} \varepsilon_{11} & \varepsilon_{12} & \varepsilon_{13} \\ \varepsilon_{21} & \varepsilon_{22} & \varepsilon_{23} \\ \varepsilon_{31} & \varepsilon_{32} & \varepsilon_{33} \end{pmatrix}$$

miteinander verknüpft. Der DK-Tensor ist ein symmetrischer Tensor ($\varepsilon_{ij} = \varepsilon_{ji}$, $i \neq j$) zweiter Stufe, dessen spezielle Eigenschaften von den Symmetrieeigenschaften des Kristallgitters des betreffenden Stoffes abhängen [5]. Komponenten ε_{ij} ($i \neq j$) außerhalb der Diagonalen treten nur bei monoklinen und triklinen Kristallen auf. Bei einem kubischen Kristall sind die Diagonalelemente gleich groß, während alle übrigen null sind, d. h., ein kubischer Kristall verhält sich dielektrisch isotrop. Die Messung der einzelnen Komponenten des DK-Tensors erfordert also mehrere Messungen bei bestimmten Orientierungen der Probe im elektrischen Feld.

1.1.3. Dielektrische Nichtlinearitäten

Bisher war stillschweigend vorausgesetzt worden, daß die Polarisation der elektrischen Feldstärke proportional ist, d. h., daß man den Zusammenhang in einer Form

$$P = \varepsilon_0 \chi E$$

schreiben kann. Die Materialkonstante $\chi = \varepsilon_r - 1$ nennt man dielektrische Suszeptibilität; sie soll unabhängig von der elektrischen Feldstärke sein. Das trifft auch zu für Dielektrika, bei denen sich die Polarisation mittels der bisher beschriebenen Mechanismen erläutern läßt, da Sättigungserscheinungen erst bei Feldstärken auftreten, die weit oberhalb der Durchbruchfeldstärke liegen, also experimentell nicht beobachtet werden können.

Diese Annahme ist aber nicht länger richtig, wenn man z. B. ferroelektrische Stoffe untersucht. Ferroelektrika [6] zeichnen sich dadurch aus, daß die molekularen Dipole innerhalb gewisser Bereiche — sogenannter Domänen —

als Folge starker elektrostatischer Wechselwirkungskräfte eine einheitliche Orientierung annehmen. Diese permanente Polarisation kann durch ein elektrisches Feld verändert werden, indem günstig zur Feldrichtung orientierte Domänen auf Kosten ungünstig orientierter wachsen. Der Zusammenhang zwischen Polarisation und Feldstärke wird durch eine Hysteresekurve (Abb. 5) beschrieben. Oberhalb einer bestimmten Temperatur (CURIE-Punkt) gehen Ferroelektrika i. allg. in eine nichtpolare, paraelektrische Phase über, in der die Orientierung der molekularen Dipole statistisch gleichverteilt ist und die Temperaturabhängigkeit der DK durch ein CURIE-WEISS-Gesetz

$$\varepsilon_r = \frac{\overline{C}}{T - T_c}$$

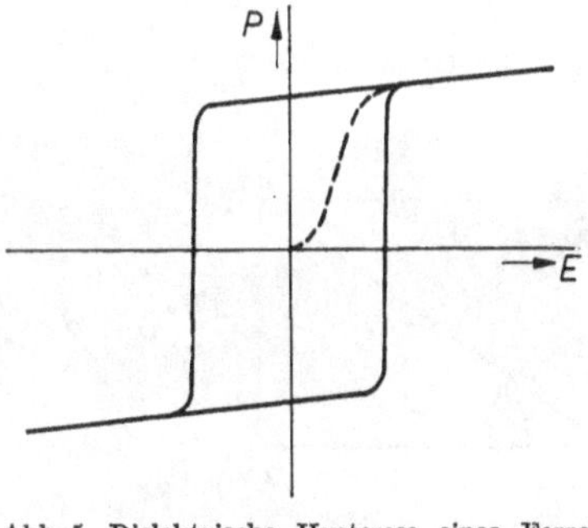

Abb. 5. Dielektrische Hysterese eines Ferroelektrikums, gestrichelt: dielektrische Neukurve

(T Probentemperatur, T_c CURIE-Temperatur, $\overline{C}$ CURIE-Konstante) beschrieben werden kann. In unmittelbarer Umgebung von T_c kann die DK extrem große Werte annehmen (bis über 10^4; s. Tab. 1).

Bei nichtlinearen Dielektrika hängen sowohl der Realteil der DK als auch die dielektrischen Verluste von der Größe der elektrischen Feldstärke ab. Daher ist es notwendig, zusätzliche Angaben über die Meßbedingungen zu machen, um zu vergleichbaren Aussagen über das dielektrische Verhalten zu kommen. Man gibt als besonders charakteristische Werte z. B. die Anfangs-DK an, die am depolarisierten Material mit sehr kleiner Wechselfeldstärke in der Umgebung $E = 0$ gemessen wird, oder die differentielle DK, die man ebenfalls mit einem sehr kleinen Meßwechselfeld, aber bei einem genau bestimmten, überlagerten Gleichfeld mißt.

1.2. Dielektrische Eigenschaften leitender Proben

Bisher hatten wir unsere Betrachtungen auf Nichtleiter beschränkt. Die auftretenden dielektrischen Verluste ließen sich im Ersatzschaltbild durch einen der Proben-

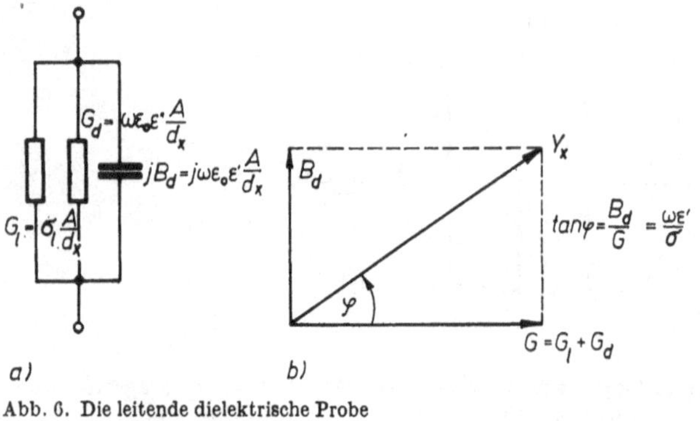

Abb. 6. Die leitende dielektrische Probe
a) Ersatzschaltung
b) Zeigerdiagramm

kapazität parallelgeschalteten Verlustleitwert beschreiben (Abb. 4). Die gleiche Darstellung müßte sich aber ergeben, wenn die Probe tatsächlich eine endliche ohmsche Leitfähigkeit σ_l aufwiese. Man kann ihr dann nämlich neben dem dielektrischen Verlustleitwert $G_d = \omega\varepsilon_0\varepsilon''(A/d_x)$ einen die ohmsche Leitfähigkeit berücksichtigenden Leitwert $G_l = \sigma_l(A/d_x)$ zuschreiben (Abb. 6). Bei der Messung ergibt sich dann ein Gesamtleitwert $G_x = (\sigma_l + \sigma_d) \cdot (A/d_x)$. Allerdings liefert der dielektrische Leitwert $G_d + jB_d$ nur dann einen meßbaren Beitrag zur Gesamtadmittanz Y_x der Probe, wenn $\tan \varphi$ merklich von Null verschieden ist, d. h., wenn die Frequenz ω des elektrischen Meßwechselfeldes vergleichbar mit der Relaxationsfrequenz σ/ε' ist. Bei Leitern tritt das infolge der hohen Leitfähigkeit erst im Bereich der Röntgenstrahlung ein, während Halbleiter bereits im sichtbaren oder sogar im infraroten Spektralbereich dielektrische Eigenschaften zeigen. Überhaupt spielen die durch die ohmsche Leitfähigkeit bedingten Verluste eine umso geringere Rolle, je höher die Meßfrequenz ist, im Gegensatz zur dielektrischen Leitfähigkeit, die mit wachsender Frequenz zunimmt.

1.3. Schnellveränderliche elektrische Felder

Bei der phänomenologischen Beschreibung der Polarisation einer Probe im elektrischen Feld war davon ausgegangen worden, daß die zeitlichen Veränderungen so langsam vor sich gehen, daß die Momentanwerte aller Größen in der gesamten Meßanordnung ortsunabhängig sind. Man nennt diesen Fall quasistationär. Diese Annahme ist bei den Abmessungen üblicher Laboraufbauten bis zu Frequenzen von etwa 10^8 Hz erfüllt. Nun hatten jedoch unsere Betrachtungen gezeigt, daß auch bei höheren Frequenzen charakteristische dielektrische Erscheinungen zu erwarten sind. Sollen diese mit erfaßt werden, so muß man einer allgemeinen Beschreibung die MAXWELLsche Theorie schnellveränderlicher elektrischer Felder zugrunde legen. Die Vielfalt der elektromagnetischen Vorgänge, die die MAXWELLschen Gleichungen beinhalten, läßt sich einschränken, wenn man nur die betrachtet, die auch hinsichtlich der Messung dielektrischer Stoffeigenschaften von Interesse sind.

So ergeben sich im unbegrenzten, nichtleitenden Medium als mögliche Lösung der MAXWELLschen Gleichungen ebene elektromagnetische Wellen mit der Geschwindigkeit

$$c = \frac{1}{\sqrt{\varepsilon_0 \varepsilon_r \mu_0 \mu_r}} = \frac{c_0}{\sqrt{\varepsilon_r \mu_r}}$$

($c_0 = 1/\sqrt{\varepsilon_0 \mu_0}$ Ausbreitungsgeschwindigkeit im Vakuum). Da man für alle Stoffe mit Ausnahme der Ferromagnetika in guter Näherung $\mu_r = 1$ setzen kann, ergibt sich als Verhältnis zwischen den Ausbreitungsgeschwindigkeiten im Vakuum und im Medium

$$\frac{c_0}{c} = n = \sqrt{\varepsilon_r};$$

n heißt Brechungsindex. Dieser wird i. allg. genau wie ε_r komplex sein.

Auch für den Fall der homogenen Leitung mit dem Wellenwiderstand Z_0 ergibt sich als eine Lösung der MAXWELLschen Gleichungen eine elektromagnetische Welle, die sich längs der Leitung ausbreitet. Ähnlich wie im unbegrenzten Medium hängt die Ausbreitung dieser elektromagnetischen Welle außer von der Geometrie der Leitung von den elektromagnetischen Stoffkonstanten des die Leitung umschließenden oder ausfüllenden Mediums ab. Die Bestimmung der DK erfordert also letztlich die Messung von Ausbreitungsgeschwindigkeit und Dämpfung einer elektromagnetischen Welle in einer stofferfüllten Leitung oder im unbegrenzten Medium, wobei entweder mit fortschreitenden oder mit stehenden Wellen experimentiert wird. Beschränkt man noch die stehenden Wellen auf den dielektrischen Körper, so kann dieser als elektromagnetischer Resonator betrachtet werden, dessen Resonanzeigenschaften von seinen elektromagnetischen Stoffkonstanten abhängen.

2. DK-Messung im NF-Bereich

Da in diesem Frequenzbereich die Abmessungen der Meßanordnung sicher klein gegenüber der Wellenlänge sind, die der Frequenz der Meßwechselspannung entspricht, kann man zur Messung der DK die in der Elektrotechnik gebräuchlichen Impedanz- und Admittanzmeßverfahren benutzen. Man bestimmt Kapazität und Verlustleitwert der Stoffprobe, die sich als Dielektrikum in einem Meßkondensator befindet.

Zu den wichtigsten Methoden zählen das Strom-Spannungs- und die Brückenverfahren. Während aber bei Strom-Spannungs-Messungen tatsächlich nur im NF-Bereich (bis ca. 100 kHz) eine ausreichende Meßgenauigkeit erreicht werden kann, gestatten moderne Meßbrücken auch noch im HF-Bereich (bis ca. 50 MHz) exakte Impedanz- oder Admittanzmessungen.

2.1. Das vollständige Ersatzschaltbild der Probe

Aus der Beschreibung der dielektrischen Stoffeigenschaften mittels der komplexen DK ergab sich die Parallel-Ersatzschaltung (Abb. 4) als elektrisches Äquivalent der Probe. Daran änderte sich auch durch die Berücksichtigung einer endlichen Probenleitfähigkeit nichts (Abb. 6). Die Größen dieser Ersatzschaltung werden aber nur bei Admittanzmessungen direkt bestimmt. Außerdem muß, um Einflüsse der Meßanordnung auf das Ergebnis zu berücksichtigen, dieses einfache Ersatzschaltbild erweitert werden.

Besonders bei DK-Messungen an technischen Isolierstoffen wird man die von verschiedenen Herstellern als Zubehör zu den Kapazitätsmeßgeräten angebotenen Stoffmeßkondensatoren verwenden. Dadurch werden die Meßbedingungen reproduzierbar, und man erzielt gut miteinander vergleichbare Ergebnisse. Stoffmeßkondensatoren sind Plattenkondensatoren mit kreisrunden Elektrodenplatten, deren Abstand sich mittels eines Mikrometers definiert einstellen und genau messen läßt. Durch einen kompakten Aufbau erreicht man eine hohe mechanische Stabilität bei gleichzeitig geringer Impedanz der Zuleitungen. Um auch Messungen an Flüssigkeiten durchführen zu können, kann eine Elektrode gegen eine Topfelektrode ausgewechselt werden. Für Präzisionsmessungen an Flüssigkeiten werden in der Regel spezielle Meßzellen verwendet (z. B. [6a, 6b, 6c]).

2.1.1. Parallel- und Serienersatzschaltung

Impedanzmeßgeräte liefern das Ergebnis in einer Form $Z_x = R_x + jX$, der eine Serien-Ersatzschaltung entspricht (Abb. 7). Die Elemente der äquivalenten Parallelschaltung, die zur Berechnung der komplexen DK benötigt werden, lassen sich aus der Forderung $Y_x = 1/Z_x$ bestimmen. Man findet

$$G_x = R_x \frac{\omega^2 C_x'^2}{R_x^2 \omega^2 C_x'^2 + 1}$$

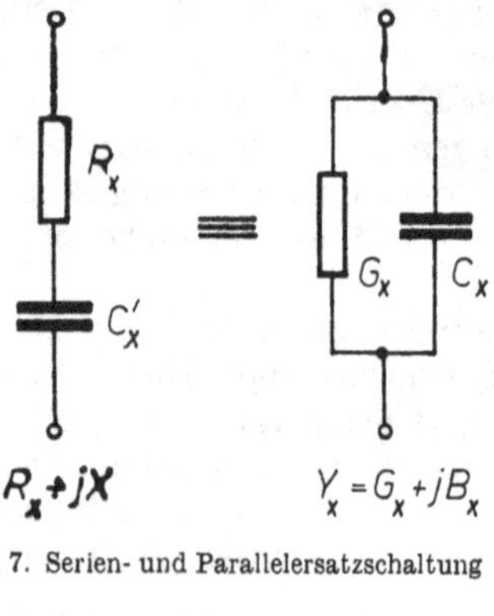

Abb. 7. Serien- und Parallelersatzschaltung

und

$$C_x = C_x' \frac{1}{R_x^2 \omega^2 C_x'^2 + 1}.$$

Für den Verlustfaktor ergibt sich

$$\tan \delta_x = \frac{\varepsilon''}{\varepsilon'} = R_x \omega C_x'.$$

Der Verlustfaktor läßt sich also unmittelbar aus den gemessenen Größen der Serien-Ersatzschaltung berechnen. Da für kleine Verlustfaktoren ($\tan \delta_x < 0{,}1$) die Kapazitätswerte C_x und C_x' der beiden Ersatzschaltungen nahezu übereinstimmen, läßt sich in diesem Fall auch ε' mit ausreichender Genauigkeit direkt aus dem Meßwert C_x' ermitteln.

2.1.2. Die Probe als Dreipol

Die Verbindungsleitungen zwischen Meßgerät und Probe und die Elektroden der Probe besitzen Streukapazitäten gegen Erde. Berücksichtigt man diese Streukapazitäten

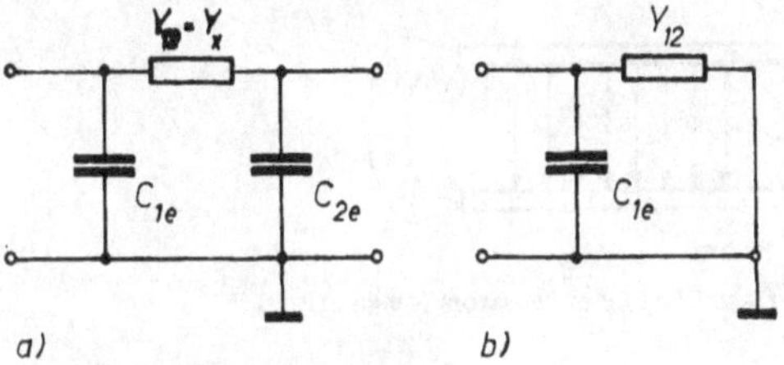

Abb. 8. a) die Probe als Dreipol
b) die einseitig geerdete Probe

in der Proben-Ersatzschaltung, so ergibt sich ein Dreipol (Abb. 8a), dessen Durchgangsleitwert Y_{12} der gesuchten Probenadmittanz entspricht.

Bei vielen Meßverfahren wird die Probe einseitig geerdet. Das hat zur Folge, daß die Streukapazität des nicht geerdetenAnschlusses der Probenadmitanz parallelgeschaltet, also bei der Messung mit erfaßt wird (Abb. 8b). Sie läßt sich jedoch durch eine Differenzmessung eliminieren, bei der einmal die Admittanz Y_p des die Probe enthaltenden, dann die Admittanz Y_L des leeren Stoffmeßkondensators bei gleichem Plattenabstand gemessen wird. Die Probenadmittanz ist dann

$$Y_x = Y_p - Y_L + j\omega C_0,$$

wobei die Kapazität C_0 des leeren Stoffmeßkondensators berechnet wird. Vorzuziehen sind allerdings Dreipolmeßverfahren, die die direkte Bestimmung der Durchgangsadmittanz von Dreipolen gestatten, vor allem, wenn die Zuleitungskapazitäten gleichgroß oder sogar größer als die unbekannte Kapazität sind.

2.1.3. Der Einfluß des Randfeldes

Bei der Berechnung der Probenkapazität wurde bisher ein homogenes elektrisches Feld vorausgesetzt. Tatsächlich treten aber am Rand eines Plattenkondensators Feldinhomogenitäten auf (Abb. 9), die als zusätzliche

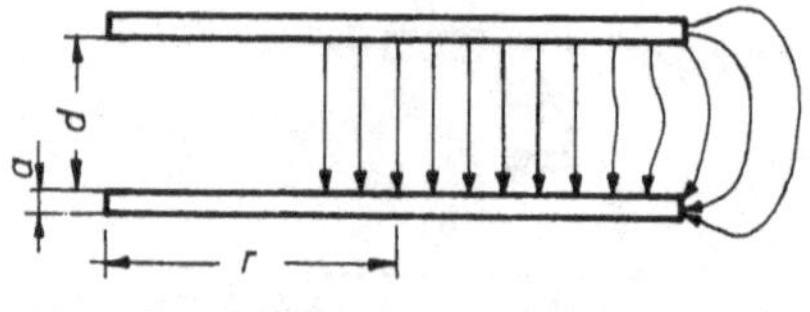

Abb. 9. Randfeld eines Plattenkondensators (schematisch)

Kapazität berücksichtigt werden müssen. Die KIRCHHOFF-Formel liefert einen Näherungsausdruck für den durch das Randfeld verursachten relativen Fehler [7]

$$\Delta C = \frac{C - C_0}{C_0} = \frac{1}{\pi r}\left[d \ln \frac{16\pi r(d + a)}{d^2} + a \ln \frac{d + a}{a} + d\right]$$

(r Plattenradius, d Plattenabstand, a Plattendicke, C_0 Kapazität des idealen Plattenkondensators). Wie man sieht, ist dieser Randfeldfehler um so kleiner, je größer der Plattenradius r gegenüber dem Plattenabstand d ist.

Der durch das Randfeld bedingte Fehler läßt sich praktisch ganz vermeiden, wenn man Schutzringelektroden (Abb. 10) verwendet. Dabei wird die eigentliche Meßelektrode E_m konzentrisch von der isoliert angebrachten Schutzringelektrode E_s umgeben. Sorgt man dafür, daß diese beiden Elektroden auf gleichem Potential liegen, so ist das elektrische Feld zwischen E_m und der Gegenelektrode E_g ungestört, die Randfeldverzerrungen beschränken sich allein auf den Schutzring. Bei der Messung muß dann allein der Durchgangsleitwert $G_x + j\omega C_x$ bestimmt werden. Wir werden später Beispiele dafür kennenlernen.

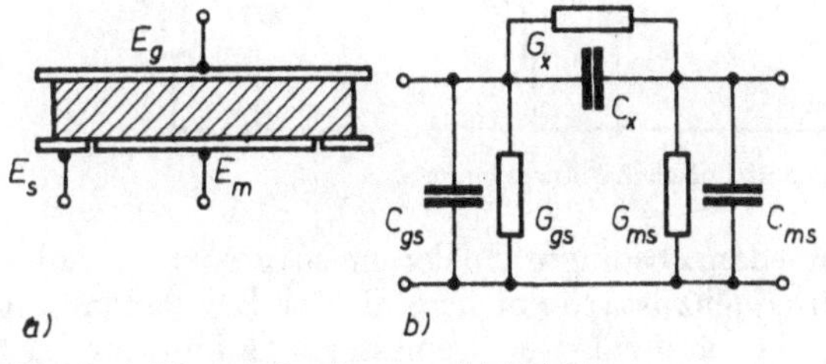

Abb. 10. a) Schutzringkondensator mit Dielektrikum
b) Ersatzschaltung

Allerdings ist bei Messungen an Stoffen mit großer DK der durch das Randfeld bedingte Fehler ohnehin so gering, daß er gegenüber anderen Meßfehlern vernachlässigt werden kann, selbst wenn die Bedingung $r \gg d_x$ nicht mehr erfüllt ist. Man sieht das leicht ein, wenn man sich vergegenwärtigt, daß die elektrische Verschiebung im Dielektrikum der relativen DK proportional ist, d. h., daß bei genügend großem ε_r auch am Rand praktisch alle Verschiebungslinien im Dielektrikum verlaufen, wenn die Probe den Stoffmeßkondensator gerade ausfüllt. Unter der Voraussetzung, daß ε_r genügend groß ist, kann man also auf komplizierte Schutzringanordnungen verzichten.

2.1.4. Der Einfluß der Zuleitungen

Die Zuleitung vom Meßgerät zum Stoffmeßkondensator weist nicht nur eine Kapazität gegen Erde, sondern auch eine Serienimpedanz $R_l + j\omega L_l$ auf (Abb. 11). Da auch R_l infolge des Skineffektes mit wachsender Frequenz ansteigt (ungefähr proportional $\sqrt{\omega}$), wird der durch diese

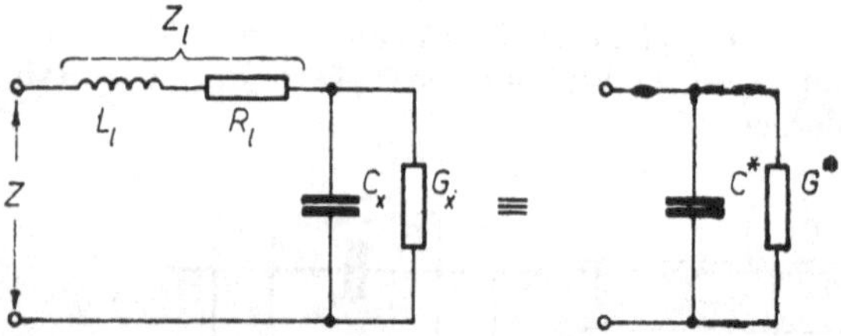

Abb. 11. Zum Einfluß der Zuleitungsimpedanz

Serienimpedanz bedingte Fehler umso größer, je höher die Meßfrequenz ist. Nennt man die der Ersatzschaltung in Abb. 11 äquivalente, gemessene Admittanz $Y^* = G^* + j\omega C^*$, so folgt aus der Forderung, daß $Y^* = 1/Z$ ist,

$$G^* = \frac{G_x(1 + R_l G_x) + \omega^2 C_x^2 R_l}{(1 + R_l G_x - \omega^2 L_l C_x)^2 + \omega^2 (L_l G_x + R_l C_x)^2}$$

und

$$C^* = \frac{1 - \omega^2 L_l C_x - \omega^2 L_l C_x \dfrac{G_x^2}{\omega^2 C_x^2}}{(1 + R_l G_x - \omega^2 L_l C_x)^2 + \omega^2 (L_l G_x + R_l C_x)^2} \cdot C_x .$$

Unter Berücksichtigung der Frequenzabhängigkeit und der Tatsache, daß R_l und L_l meist sehr kleine Werte annehmen werden, findet man nach einigen Umformungen als brauchbare Näherung für Proben mit kleinem Verlustfaktor

$$G^* = G_x(1 + 2\omega^2 L_l C_x - \omega^2 C_x^2 R_l^2) + \omega^2 C_x^2 R_l$$

und

$$C^* = C_x(1 + \omega^2 L_l C_x - \omega^2 C_x^2 R_l^2).$$

Aus diesen Korrekturgleichungen liest man ab, daß die relativen Abweichungen der gemessenen von den tatsächlichen Größen um so größer sind, je höher die Meßfrequenz und die Probenkapazität werden.

2.1.5. *Der Einfluß von Luftspalten*

Wenn man eine dielektrische Probe zwischen die Platten eines Stoffmeßkondensators bringt, werden diese in der Regel keinen idealen Kontakt zur Probenoberfläche haben, sondern zwischen Probe und Elektroden werden Luftspalte verbleiben, die auch bei sorgfältiger Präparation die Dicke von einigen μm haben. Die sich daraus ergebende Probenanordnung mit ihrem Ersatzschaltbild

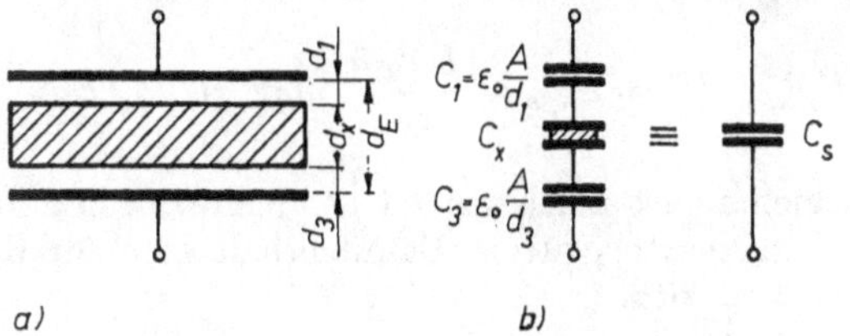

Abb. 12. Zum Einfluß von Luftspalten
a) Probenanordnung mit Luftspalten (schematisch
b) Ersatzschaltung

zeigt Abb. 12. Die gemessene scheinbare Kapazität C_s entspricht, wie sich zeigen wird, der Kapazität der Serienschaltung der tatsächlichen Probenkapazität $C_x = \varepsilon_0 \varepsilon_r A/d_x$

und der Kapazität des gesamten Luftspaltes

$$C_L = \varepsilon_0 A/d_L \text{ mit } d_L = d_1 + d_3 = d_E - d_x.$$

Betrachten wir Abb. 12. Im Feld eines Plattenkondensators befinde sich ein Dielektrikum, dessen Grenzflächen Probe/Luft senkrecht zum Feld stehen. Da an einer ungeladenen Grenzfläche die Normalkomponente der elektrischen Verschiebung stetig ist und im betrachteten Fall keine Tangentialkomponente auftritt (das Randfeld wird vernachlässigt), gilt einfach

$$D_1 = D_2 = D_3 .$$

Dann ist unter Berücksichtigung der dielektrischen Materialeigenschaften in den verschiedenen Medien

$$D_1 = \varepsilon_0 E_1 = D_3 = \varepsilon_0 E_3 ,$$

d. h. $E_1 = E_3$, und

$$D_1 = \varepsilon_0 E_1 = D_2 = \varepsilon_0 \varepsilon_r E_2 ,$$

d. h. $E_2 = E_1/\varepsilon_r$. Die am Plattenkondensator anliegende Gesamtspannung teilt sich, da wir in den einzelnen Medien homogene Feldverhältnisse voraussetzen, in die drei Teilspannungen

$$U_1 = E_1 d_1 , \quad U_2 = E_2 d_x = \frac{E_1 d_x}{\varepsilon_r} \quad \text{und} \quad U_3 = E_3 d_3 .$$

Die Verschiebung ist gleich der Flächendichte der Ladung auf den Kondensatorplatten. Damit erhält man für die scheinbare Kapazität

$$\begin{aligned} C_s = \frac{DA}{U} &= \frac{DA}{U_1 + U_2 + U_3} \\ &= \frac{\varepsilon_0 E_1 A}{E_1(d_1 + d_3) + E_1 d_x/\varepsilon_r} \\ &= \varepsilon_0 \varepsilon_r \frac{A}{d_x} \frac{1}{1 + \varepsilon_r d_L/d_x} . \end{aligned}$$

Die gleiche Beziehung findet man, wenn man die Gesamtkapazität der Serienschaltung der Kapazitäten C_1 und C_3 der beiden Luftspalte und der Probenkapazität C_x berechnet. Aus ihr ergibt sich eine scheinbare DK

$$\varepsilon_s = \frac{\varepsilon_r}{1 + \varepsilon_r \dfrac{d_L}{d_x}}$$

der Probe. Wenn man $|\varepsilon_r(d_L/d_x)| \ll 1$ voraussetzt, was für $\varepsilon_r < 5$ i. allg. erfüllt ist, kann man näherungsweise

$$\varepsilon_s = \varepsilon_r \left(1 - \varepsilon_r \frac{d_L}{d_x}\right)$$

schreiben. Der „Gap“-Effekt hat also zur Folge, daß bei verlustfreiem Material ein zu kleiner Wert der DK gemessen wird. Dieser Fehler ist bei größeren Werten von ε_r auch dann nicht mehr zu vernachlässigen, wenn d_L/d_x sehr klein gemacht wird.

Die Verluste der Probe kann man in die Betrachtungen einführen, indem man für die DK wieder die komplexe Schreibweise verwendet. Man setzt also wieder $\varepsilon_r = \varepsilon' - j\varepsilon''$ und entsprechend auch $\varepsilon_s = \varepsilon_s' - j\varepsilon_s''$ ein und findet damit für die gemessene scheinbare DK

$$\varepsilon_s = \left(\varepsilon' - \varepsilon'^2 \frac{d_L}{d_x} + \varepsilon''^2 \frac{d_L}{d_x}\right) - j\left(\varepsilon'' - 2\varepsilon'\varepsilon'' \frac{d_L}{d_x}\right)$$

und daraus für deren Real- und Imaginärteil

$$\varepsilon_s' = \varepsilon' \left[1 - \varepsilon' \frac{d_L}{d_x} (1 - \tan^2 \delta_x)\right],$$

$$\varepsilon_s'' = \varepsilon'' \left(1 - 2\varepsilon' \frac{d_L}{d_x}\right).$$

Demnach mißt man für den Imaginärteil der DK in jedem Fall einen zu kleinen Wert, während die Abweichung des gemessenen Realteiles vom tatsächlichen Wert ε' zusätzlich von der Größe des Verlustfaktors abhängt und in dem besonderen Fall $\tan \delta_x = 1$ sogar verschwindet. Sowohl beim Realteil als auch beim Imaginärteil der DK wird aber der Fehler um so größer, je größer ε' ist.

Wie man sich anhand von Zahlenbeispielen leicht überzeugt, ist bereits bei $\varepsilon' \geqq 5$ der durch den „Gap“-Effekt bedingte Meßfehler nicht mehr zu vernachlässigen, und bei $\varepsilon' \geqq 10$ ist auf diesem Wege praktisch keine Messung mehr möglich, da man die Dicke des Luftspaltes nur ungenau ermitteln und damit auch durch Korrekturrechnungen keine befriedigende Genauigkeit mehr erreichen kann. Hier kann nur dadurch Abhilfe geschaffen werden, daß die Elektroden unmittelbar auf die Probenoberfläche aufgebracht werden. Mögliche Verfahren dafür sind Aufdampfen, Einbrennen, Galvanisieren oder die Verwendung flüssiger Elektroden.

2.2. Strom-Spannungs-Messung

Legt man an eine unbekannte Admittanz Y_x eine bekannte Spannung U, so ist der Strom I durch die Admittanz dieser proportional; die Admittanzmessung läßt sich auf eine Strom-Spannungs-Messung zurückführen. Insbesondere ruft eine harmonische Wechselspannung $U = \hat{U} \exp(j\omega t)$, die man an eine verlustbehaftete, dielektrische Probe mit der Admittanz $Y_x = G_x + j\omega C_x$ legt, einen Strom

$$I = UY_x = (G_x + j\omega C_x)\,\hat{U} e^{j\omega t}$$
$$= \varepsilon_0 \frac{A}{d_x} \omega \hat{U} (\varepsilon'' + j\varepsilon')\, e^{j\omega t}$$

hervor, wobei die Amplitude des Blindstromes

$$\hat{I}' = \varepsilon_0 \frac{A}{d_x} \omega \hat{U} \varepsilon'$$

proportional dem Realteil ε' der DK, die Amplitude

$$\hat{I}'' = \varepsilon_0 \frac{A}{d_x} \omega \hat{U} \varepsilon''$$

des Wirkstromes dagegen proportional dem Imaginärteil ε'' der DK ist.

2.2.1. *Spannungseinspeisung*

Zur direkten Bestimmung der DK ist es zweckmäßig, die Spannung U als unabhängige und den Strom I als abhängige Variable anzunehmen. Die Abb. 13 zeigt das schematische Blockschaltbild eines entsprechenden Meßplatzes und das zugehörige Ersatzschaltbild. Unter der Voraussetzung, daß die Gesamtimpedanz des ange-

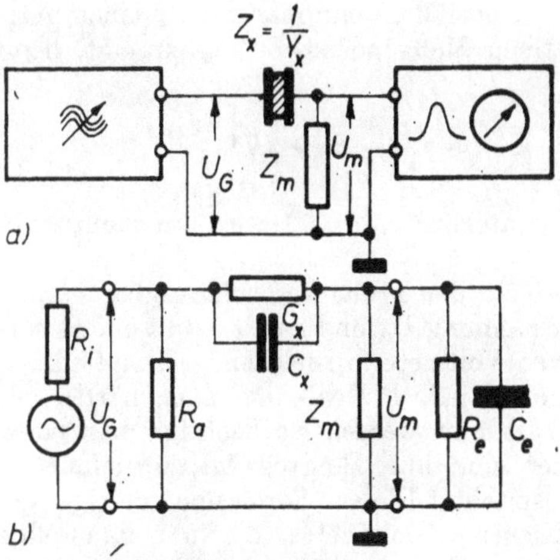

Abb. 13. Strom-Spannungsmessung mit eingeprägter Spannung zur Messung von ε_r
a) Blockschaltbild
b) Ersatzschaltung

schlossenen Netzwerkes sehr groß gegenüber dem Abschlußwiderstand R_a des Generators gewählt wird, bestimmt dieser die Ausgangsspannung U_G, d. h., man kann mit ausreichender Genauigkeit eine konstante Amplitude der eingespeisten Spannung annehmen. Fordert man weiter, daß die Probenimpedanz Z_x sehr groß gegenüber der Parallelschaltung der Serienimpedanz Z_m und der Eingangsimpedanz Z_e des Spannungsmessers ist, dann wird der Strom I im Meßkreis in guter Näherung allein durch Z_x bestimmt. Damit ist aber die Meßspannung U_m, die als Spannungsabfall an Z_m auftritt, der DK direkt proportional:

$$U_m = IZ_m = \omega \frac{\varepsilon_0 A}{d_x} \hat{U} Z_m(\varepsilon'' + j\varepsilon') \, e^{j\omega t}$$
$$= K(\varepsilon'' + j\varepsilon') \, \hat{U} e^{j\omega t} .$$

Im einfachsten Fall wird man für Z_m einen ohmschen Widerstand R_m einsetzen. Damit ist K proportional der Meßfrequenz. Das entfällt, wenn man für Z_m einen möglichst verlustarmen Meßkondensator C_m einsetzt, denn dann gilt

$$K = -j \frac{\varepsilon_0 A}{d_x C_m} = -jK^*,$$

d. h., die Apparatekonstante K^* wird frequenzunabhängig.

Sind die Verluste der Probe vernachlässigbar gering, kann man die Spannung U_m und damit ε_r mit einem normalen, selektiven Voltmeter ausreichender Empfindlichkeit messen. Sollen jedoch Real- und Imaginärteil der DK getrennt bestimmt werden, so benötigt man einen Empfänger, der nur auf Eingangssignale definierter Phasenlage anspricht. Dieser Forderung genügt ein phasenempfindlicher Gleichrichter, der nur dann eine der Meßspannung U_m proportionale Gleichspannung $\overline{U}_m$ liefert, wenn U_m die gleiche Phasenlage wie eine Referenzspannung gleicher Frequenz hat [8]. So wird es möglich, durch Verändern der Phasenlage dieser Referenzspannung Wirk- und Blindanteil der Meßspannung getrennt anzuzeigen. Im linearen Bereich des phasenempfindlichen Gleichrichters ist die angezeigte Gleichspannung jeweils ε' bzw. ε'' direkt proportional, wenn Z_m reell oder rein imaginär ist. Anderenfalls ergibt sich nämlich

$$U_m = \omega \frac{\varepsilon_0 A}{d_x} \hat{U}(\varepsilon'' + j\varepsilon')(R_m + jX_m)\, e^{j\omega t}$$

$$= \omega \frac{\varepsilon_0 A \hat{U}}{d_x} (\varepsilon'' R_m - \varepsilon' X_m) + j(\varepsilon'' X_m + \varepsilon' R_m)\, e^{j\omega t},$$

d. h., zwischen Wirk- und Blindanteil der Meßspannung und den beiden Komponenten ε' und ε'' der DK besteht keine unmittelbare Proportionalität mehr.

Anhand des Ersatzschaltbildes der Meßschaltung (Abb. 13b) wollen wir nun untersuchen, unter welchen Voraussetzungen die Meßspannung U_m der DK mit hinreichender Genauigkeit proportional ist, wobei nicht von vorn herein angenommen werden kann, daß die Eingangsimpedanz

$$Z_e = \frac{1}{\dfrac{1}{R_e} + j\omega C_e}$$

des Spannungsmessers sehr groß gegenüber der Serienimpedanz Z_m ist und vernachlässigt werden kann. Betrachten wir zuerst den Fall, daß für Z_m ein ohmscher Widerstand R_m eingesetzt wird. Man liest dann aus dem Ersatzschaltbild ab, daß die Meßspannung an der Impedanz

$$Z_m' = \frac{1}{\dfrac{1}{R_m} + \dfrac{1}{R_e} + j\omega C_e}$$

abfällt. Dabei kann $1/R_e$ sicher vernachlässigt werden (z. B. ist $R_e = 10^6\,\Omega$ ein üblicher Wert, während i. allg.

$R_m \leqq 10^3\,\Omega$ ist), und man erhält

$$Z_m' = \frac{1}{\frac{1}{R_m} + j\omega C_e}.$$

Damit auch ωC_e vernachlässigt werden kann, muß $\omega \ll 1/(R_m C_e)$ sein. Wenn man dagegen einen kapazitiven Meßwiderstand einsetzt, findet man auf analoge Weise, daß man die Eingangsimpedanz Z_e des Spannungsmessers nur für $\omega \gg 1/(R_e C_m)$ vernachlässigen kann. Gegebenenfalls müssen hierbei noch die Verluste des Meßkondensator berücksichtigt werden. Beschreibt man diese im Ersatzschaltbild als zusätzlichen Parallelwiderstand R_{vm}, so lautet die Bedingung

$$\omega \gg \frac{R_e + R_{vm}}{R_e R_{vm} C_m}.$$

Es ergeben sich also bei dieser Meßmethode Einschränkungen hinsichtlich des Frequenzbereiches in der Weise, daß bei tiefen Frequenzen die Verwendung eines ohmschen, bei hohen die eines kapazitiven Meßwiderstandes vorteilhaft ist.

Moderne selektive Voltmeter und phasenempfindliche Gleichrichter erreichen Eingangsempfindlichkeiten von 10^{-9} Volt. Damit ist es möglich, mit sehr kleinen Generatorspannungen ($U_G \approx 10^{-3}$ V) zu messen. Das ermöglicht einerseits die genaue Bestimmung der differentiellen oder der Anfangs-DK, andererseits bleiben auch bei großen Verlusten die in der Probe umgesetzte Energie und damit die als Folge dielektrischer Erwärmung eventuell auftretenden Meßfehler gering. Es muß jedoch berücksichtigt werden, daß bei dieser direkten Meßmethode der Fehler des verwendeten Spannungsmessers unmittelbar in den Meßfehler der DK eingeht.

Mit dem Einsatz eines leistungsfähigen Operationsverstärkers kommt man zu einer weiteren Variante dieses direkten Meßverfahrens [9]. Wir hatten oben gezeigt, daß zwischen den Größen des Ersatzschaltbildes der Strom-Spannungs-Meßschaltung bestimmte Relationen eingehalten werden müssen, wenn systematische Fehler vernachlässigbar bleiben sollen, was insbesondere bei tiefen oder hohen Frequenzen zu meßtechnischen Schwierigkeiten führen kann. Setzt man dagegen anstatt der Meßimpedanz Z_m einen Operationsverstärker als invertierenden Verstärker ein (Abb. 14), so müssen

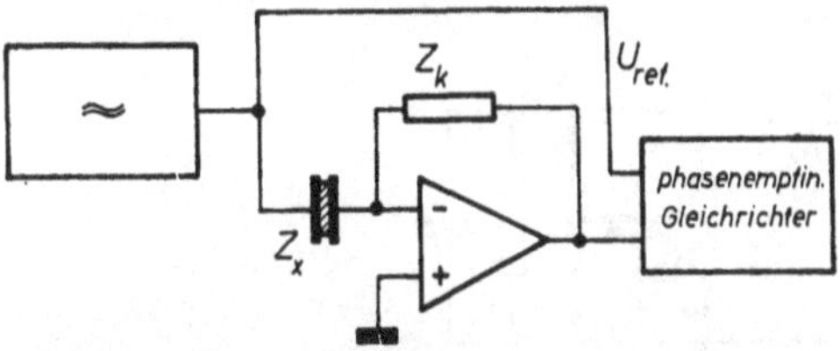

Abb. 14. DK-Messung mit Operationsverstärker, schematisches Blockschaltbild

lediglich dessen Gleichspannungsstabilität und Eingangsimpedanz genügend groß sein. Für die Ausgangsspannung des gegengekoppelten, invertierenden Verstärkers gilt

$$U_a = -\frac{Z_k}{Z_x} U_e,$$

wenn seine Leerlaufverstärkung genügend groß ist und der Innenwiderstand des speisenden Generators gegenüber Z_x vernachlässigt werden kann [10]. Ist Z_k rein kapazitiv, dann wird die Ausgangsspannung der Probenadmittanz und damit ε_r direkt proportional. Die Anzeige erfolgt wieder mit einem phasenempfindlichen Gleichrichter, wenn man ε' und ε'' getrennt messen will.

2.2.2. Stromeinspeisung

Läßt man durch die dielektrische Probe einen harmonischen Wechselstrom konstanter Amplitude fließen, so ist der Spannungsabfall U_x über der Probe ein unmittelbares Maß für deren dielektrische Eigenschaften. Es ist nämlich

$$U_x = \frac{I}{Y_x} = -j\,\frac{\hat{I} d_x}{\omega A}\,\frac{1}{\varepsilon_0 \varepsilon_r}\,e^{j\omega t},$$

d. h., die Amplitude dieser Spannung ist der reziproken DK proportional. Abb. 15 zeigt das Ersatzschaltbild einer entsprechenden Meßschaltung. Der durch die Probe fließende Strom hat mit guter Näherung eine konstante

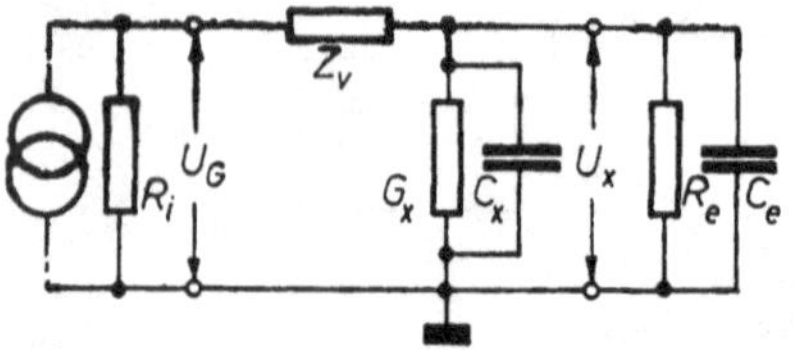

Abb. 15. Strom-Spannungsmessung mit eingeprägtem Strom zur Messung von $1/\varepsilon_r$, Ersatzschaltung

Amplitude, wenn folgende Bedingungen erfüllt sind: Die Impedanz des gesamten Netzwerkes ist sehr groß gegenüber R_i und die Probenimpedanz $Z_x = 1/Y_x$ sehr klein gegenüber der Serienimpedanz Z_v und der Eingangsimpedanz Z_e des Spannungsmessers. Es soll gleich bemerkt werden, daß insbesondere die letzte Bedingung oft nur durch zusätzliche meßelektronische Maßnahmen erfüllt werden kann. Setzt man für Z_v einen Meßkondensator mit vernachlässigbaren Verlusten ein, so gilt für den eingeprägten Strom

$$I = \frac{U_G}{Z_v} = j\omega C_v U_G$$

und damit für die Meßspannung

$$U_x = I Z_x = C_v \hat{U}\,\frac{d_x}{\varepsilon_0 A}\,\frac{1}{\varepsilon_r}\,e^{j\omega t}.$$

Da die Meßspannung U_x der reziproken DK proportional ist, eignet sich diese Methode besonders zur Überprüfung des Gültigkeitsbereiches des CURIE-WEISS-Gesetzes, nach dem $1/\varepsilon_r$ proportional der Temperatur sein soll (s. Abschn. 1.1.3.).

Grundsätzlich lassen sich diese Strom-Spannungs-Meßverfahren in einem großen Frequenzbereich benutzen, wenn man die oben abgeleiteten Bedingungen beachtet. Ihr Anwendungsbereich wird aber eingeschränkt durch die obere Grenzfrequenz des phasenempfindlichen Gleichrichters, die sich bei den hohen Anforderungen an Empfindlichkeit und Stabilität nicht beliebig erhöhen läßt. Problematisch ist aber vor allem bei geringen Verlusten deren genaue Bestimmung, da gleichzeitig mit der kleinen, ε' proportionalen Spannung die um 90 Grad dagegen phasenverschobene, aber um $1/\tan \delta_x$ größere Spannung, die ε' proportional ist, am Eingang des phasenempfindlichen Gleichrichters liegt.

2.2.3. Messung bei tiefen Frequenzen

Die Strom-Spannungs-Meßmethode läßt sich auch im Tiefstfrequenzbereich anwenden, wenn man das Verfahren geringfügig abwandelt [11]. Die Abb. 16 zeigt das Blockschaltbild einer für den Frequenzbereich $10^{-3} \cdots 10^{2}$ Hz geeigneten Meßanordnung. Der kapazitive Anteil von Y_x wird durch Substitution mittels C_N

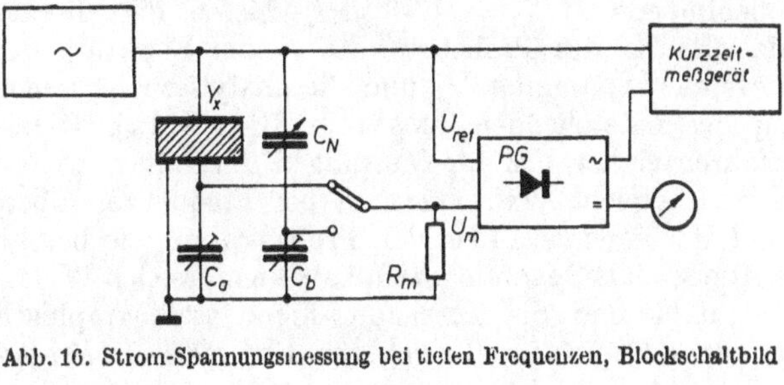

Abb. 16. Strom-Spannungsmessung bei tiefen Frequenzen, Blockschaltbild

direkt bestimmt; C_a und C_b dienen dabei dem Abgleich der Parallelkapazität vom R_m auf den gleichen Wert (bei der Messung wird die nichtangeschlossene Abgleichkapazität kurzgeschlossen). Bei diesem Abgleich werden Y_x und C_N durch Meßimpedanzen gleicher Größe ersetzt, und C_a bzw. C_b werden auf gleiche Spannung am Indikatoreingang eingestellt. Die Verwendung eines hochempfindlichen Indikators ermöglicht es, die Meßspannung sehr klein zu halten ($U_m \leqq 1$ mV). Dadurch kann mit einer Schutzringanordnung gemessen werden, wobei der Schutzring direkt geerdet wird. Der dabei auftretende Fehler ist bedeutend kleiner als der sonst durch das Randfeld verursachte.

Die Messung des Verlustfaktors erfolgt über die Bestimmung der Phasenverschiebung der Meßspannung gegenüber der Generatorspannung. Dazu erzeugen Impulsformer beim Nulldurchgang dieser beiden Wechselspannungen Triggersignale, deren zeitlicher Abstand mit einem Kurzzeitmeßgerät gemessen wird (Abb. 16). Wenn τ die der Phasenverschiebung φ entsprechende Zeitdifferenz und T die Periodendauer der Meßwechselspannung ist, dann berechnet sich der Verlustfaktor aus

$$\tan \delta_x = \cot \left(2\pi \frac{\tau}{T}\right).$$

Eine andere Möglichkeit zur Messung der komplexen Probenimpedanz $Y_x = G_x + j\omega C_x$ bietet die direkte Aufzeichnung des Probenstromes I_x als Funktion der anliegenden Spannung U_x und die analytische Auswertung der entstehenden LISSAJOUS-Figur [11a]. Dieses Verfahren eignet sich für Messungen über einen weiten Frequenzbereich. Während man bei Frequenzen oberhalb 1 Hz bis etwa 1 kHz den Probenstrom, wie bereits beschrieben, als Spannungsabfall an einem reellen Widerstand mißt und die LISSAJOUS-Figur oszillographisch darstellt, läßt sich im Bereich von 10^{-4} bis 1 Hz ein geeignetes elektronisches Elektrometer als Strom-Spannungswandler einsetzen und zur Aufzeichnung der Lissajous-Figur ein Koordinatenschreiber verwenden.

2.3. Kapazitätsmeßbrücken

Im allgmeinen erreicht man bei der Messung einer Größe eine höhere Empfindlichkeit, wenn man von einer direkten Bestimmung zu einer Nullmethode übergeht, wobei die zu messende Größe mit einem Normal hoher Genauigkeit verglichen wird. Da das Anzeigegerät nur als Nullinstrument benutzt wird, geht sein Fehler nicht mehr in den Meßfehler ein. In dem speziellen Fall der Messung unbekannter Widerstände vergleicht man in einer sogenannten Brückenschaltung den aus dem unbekannten Widerstand und einem Normal gebildeten Spannungsteiler mit einem weiteren, dessen Teilerverhältnis definiert einstellbar ist.

2.3.1. Wheatstone-*Brücke*

Von der Vielzahl der theoretisch möglichen Wechselstrombrücken sollen in den folgenden Abschnitten Aufbau, Wirkungsweise und Anwendungsbereich der am meisten verwendeten besprochen werden [12]. Dabei soll die bekannte Wheatstone-Brücke (Abb. 17a) zum Ausgangspunkt der Betrachtungen gemacht werden, wobei zunächst alle Widerstände reine Wirkwiderstände sein sollen. Zwischen den Punkten A und B wird eine Gleichspannung oder niederfrequente Wechselspannung eingespeist. Wählt man die Widerstände so, daß die Spannung zwischen den Punkten C und D verschwindet, so sagt man, die Brücke sei abgeglichen. In diesem Fall fließt durch die Brückendiagonale $\overline{CD}$ kein Strom. Dann muß die Brückeneingangsspannung U durch die Widerstände in den beiden Brückenzweigen $\overline{ACB}$ und $\overline{ADB}$

im gleichen Verhältnis geteilt werden, d. h., es muß also

$$\frac{U_{AC}}{U_{CB}} = \frac{U_{AD}}{U_{DB}}$$

sein. Da sich bei einer Serienschaltung die Widerstände wie die an ihnen abfallenden Teilspannungen verhalten (1. KIRCHHOFFsche Regel), folgt

$$\frac{R_x}{R_1} = \frac{R_N}{R_2},$$

d. h., der unbekannte Widerstand R_x kann aus $R_x = R_N(R_1/R_2)$ berechnet werden. Macht man R_N in kleinen Schritten regelbar, so kann R_x direkt daran abgelesen werden. R_1 und R_2 sind meist in Stufen einstellbar und gestatten eine Meßbereichsumschaltung.

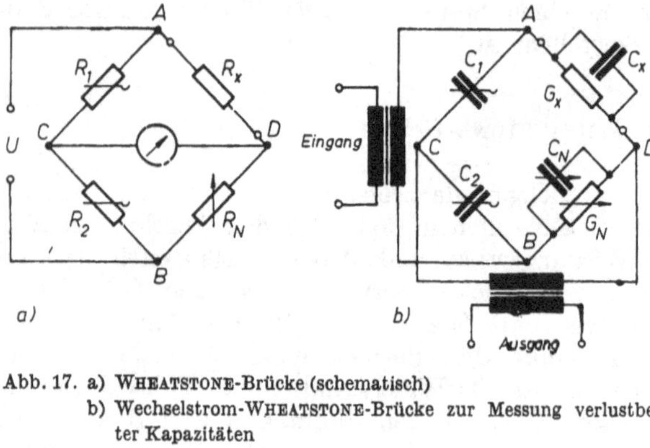

Abb. 17. a) WHEATSTONE-Brücke (schematisch)
b) Wechselstrom-WHEATSTONE-Brücke zur Messung verlustbehafteter Kapazitäten

Dieselbe Abgleichbedingung ergibt sich, wenn man einige oder alle Widerstände durch Scheinwiderstände ersetzt und die Brücke mit Wechselspannung betreibt. Eine besonders zur Messung kleiner kapazitiver Admittanzen geeignete Schaltung zeigt Abb. 17b. Eingang und

Ausgang werden meist über Übertrager angeschlossen. Dadurch ist man hinsichtlich der Erdung der Brückenschaltung nicht von vornherein festgelegt, sondern kann dafür den meßtechnisch und konstruktiv günstigsten Punkt der ganzen Schaltung wählen. Die Abgleichbedingung

$$\frac{G_x + j\omega C_x}{j\omega C_1} = \frac{G_N + j\omega C_N}{j\omega C_2}$$

ist frequenzunabhängig und liefert nach Trennung in Real- und Imaginärteil

$$G_x = G_N \frac{C_1}{C_2} \quad \text{und} \quad C_x = C_N \frac{C_1}{C_2}.$$

2.3.2. NERNST-*Brücke*

Die NERNST-Brücke erhält man, wenn man die beiden Kapazitäten C_1 und C_2 in der WHEATSTONE-Brücke durch ohmsche Widerstände ersetzt (Abb. 18a). Die Abgleichbedingung

$$\frac{G_x + j\omega C_x}{1/R_1} = \frac{G_N + j\omega C_N}{1/R_2}$$

ist ebenfalls frequenzunabhängig und liefert

$$G_x = G_N \frac{R_2}{R_1} \quad \text{und} \quad C_x = C_N \frac{R_2}{R_1}.$$

Sowohl die NERNST- als auch die WHEATSTONE-Brücke eignen sich zur Messung kleiner kapazitiver Admittanzen und liefern als Ergebnis unmittelbar die Kapazität C_x und den Verlustleitwert G_x. Das Meßergebnis entspricht also der oben besprochenen Parallel-Ersatzschaltung einer dielektrischen Probe. Mit beiden Brückenschaltungen lassen sich jedoch keine induktiven Blindleitwerte abgleichen. Der Meßbereich läßt sich aber auf induktive Leitwerte ausdehnen, wenn man in den X-Zweig $\overline{AD}$ der Brücke eine Zusatzkapazität C_z einschaltet, so daß der gesamte Leitwert dieses Zweiges wieder kapazitiv wird. Das soll am Beispiel der in Abb. 18b

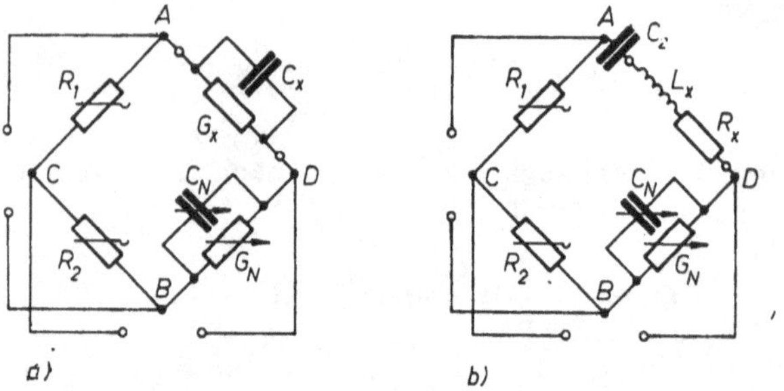

Abb. 18. a) NERNST-Brücke
b) NERNST-Brücke mit Zusatzkapazität zur Messung kleiner induktiver Admittanzen

dargestellten NERNST-Brücke mit induktivem Meßobjekt $R_x + j\omega L_x$ und der Zusatzkapazität C_z näher erläutert werden. Die Abgleichbedingung lautet jetzt

$$\frac{R_x + j\left(\omega L_x - \dfrac{1}{\omega C_z}\right)}{R_1} = \frac{1}{R_2}\,\frac{G_N - j\omega C_N}{G_N{}^2 + \omega^2 C_N{}^2}$$

und liefert

$$R_x = \frac{G_N}{G_N{}^2 + \omega^2 C_N{}^2}\,\frac{R_1}{R_2} = R_N\,\frac{R_1}{R_2}$$

und

$$L_x = \frac{1}{\omega^2 C_z} - \frac{C_N}{G_N{}^2 + \omega^2 C_N{}^2}\,\frac{R_1}{R_2},$$

d. h., L_x wird am Normalkondensator als negative Kapazität abgeglichen. Allerdings ist der Abgleich nicht mehr frequenzunabhängig und diese Messung daher auf einen bestimmten Frequenzbereich beschränkt.

2.3.3. MAXWELL-*Brücke*

Dis bisher erläuterten Wechselstrombrücken gestatten die Messung kleiner Admittanzen. Die MAXWELL-Brücke (Abb. 19) ist dagegen für die Messung kleiner Wirkwiderstände und induktiver Blindwiderstände geeignet. Die Abgleichbedingung

$$\frac{R_x + j\omega L_x}{R_1} = \frac{G_N + j\omega C_N}{1/R_2}$$

ist ebenfalls frequenzunabhängig. Aus ihr ergibt sich

$$R_x = G_N R_1 R_2 \quad \text{und} \quad L_x = C_N R_1 R_2 .$$

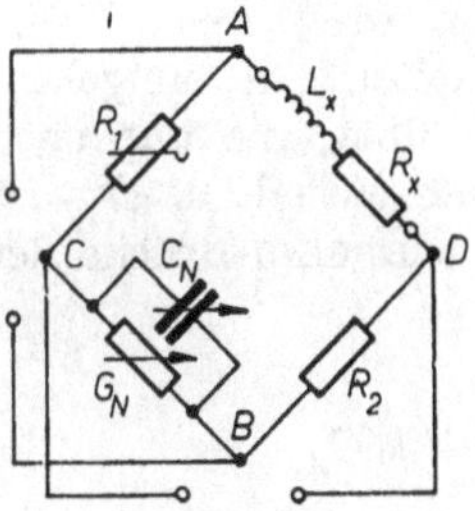

Abb. 19. MAXWELL-Brücke

Durch eine Zusatzinduktivität L_z in dem Brückenzweig $\overline{AD}$ läßt sich die MAXWELL-Brücke zur Messung kleiner kapazitiver Blindwiderstände erweitern. Allerdings ist dann, wie bereits bei der erweiterten NERNST-Brücke, die Abgleichbedingung frequenzabhängig; dadurch ist dieser Zusatzbereich wieder nur in einem beschränkten Frequenzbereich anwendbar.

Bei allen bisher besprochenen Brückenschaltungen wird der Wirkwiderstand des Meßobjektes mittels ohmscher Widerstände abgeglichen. Das führt vor allem bei höheren Meßfrequenzen infolge der dabei auftretenden, unvermeidbaren Induktivitäten zu Schwierigkeiten. In kommerziellen Geräten werden daher oft Heißleiter als Abgleichwiderstände benutzt, deren Widerstand dann mittels gesonderter Regelkreise über einen genügend großen Bereich variiert und hinreichend genau eingestellt werden kann, so daß die eigentliche Brückenschaltung eine feste Leitungsführung hat und keine Schalter und Regelelemente enthält. Um einen großen Impedanzbereich erfassen zu können, werden häufig eine MAXWELL- und eine WHEATSTONE- oder NERNST-Brücke in einem Gerät vereinigt.

2.3.4. SCHERING-*Brücke*

Um die bei der Verwendung von regelbaren Widerständen auftretenden Schwierigkeiten zu umgehen, geht man zu Brückenschaltungen über, die nur noch Kondensatoren als Abgleichelemente enthalten. Das ist bei der in Abb. 20a dargestellten SCHERING-Brücke der Fall. Die Abgleichbedingung lautet

$$\frac{R_x - j\,\dfrac{1}{\omega C_x'}}{R_B} = \frac{\dfrac{1}{R_A} + j\omega C_A}{j\omega C_N}$$

und läßt sich auf die Form

$$\frac{R_x - j\,\dfrac{1}{\omega C_x'}}{R_B} = \frac{C_A - j\,\dfrac{1}{\omega R_A}}{C_N}$$

bringen, die deutlich macht, daß der Abgleich ebenfalls wieder frequenzunabhängig ist. Die Trennung in Real- und Imaginärteil ergibt

$$R_x = R_B\,\frac{C_A}{C_N} \quad \text{und} \quad C_x' = C_N\,\frac{R_A}{R_B}.$$

Da R_A und R_B Festwiderstände sein sollen, wird C_x' mittels C_N und R_x mittels C_A abgeglichen. Der Wert von R_x kann jedoch nicht unmittelbar an C_A abgelesen werden, weil C_N in diesen Abgleich mit eingeht.

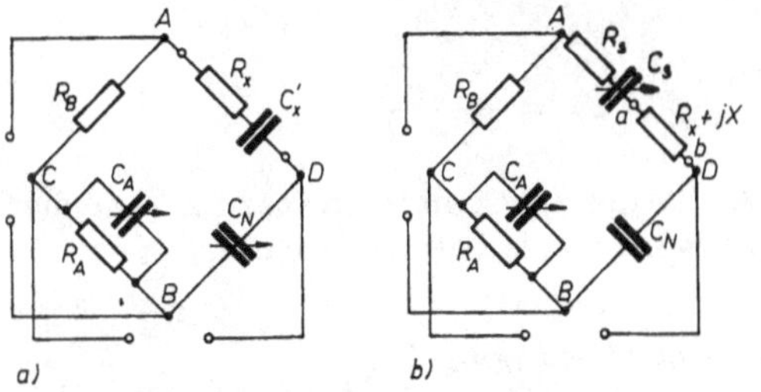

Abb. 20. a) SCHERING-Brücke
b) modifizierte SCHERING-Brücke

Dieser Nachteil läßt sich beheben, wenn man den Brückenzweig $\overline{AD}$ durch einen Serienwiderstand R_s und eine Serienkapazität C_s erweitert und zu einer Differenz-Substitutionsmessung übergeht (s. Abb. 20b). Dabei wird diese modifizierte SCHERING-Brücke zunächst bei kurzgeschlossenen Meßklemmen a und b abgeglichen. Die Serienkapazität hat dann den Wert C_{s0}, die Kapazität im Zweig $\overline{BC}$ einen Wert C_{A0}. Nach Anschluß des Meßobjektes $R_x + jX$ erfolgt der eigentliche Abgleich, wobei

$$\frac{R_x + R_s + j\left(X - \frac{1}{\omega C_s}\right)}{R_B} = \frac{C_A - j\,\frac{1}{\omega R_A}}{C_N}$$

ist. Daraus leitet man

$$R_x = R_B\,\frac{C_A}{C_N} - R_s = R_B\,\frac{C_A - C_{A0}}{C_N}$$

und

$$X = \frac{1}{\omega}\left(\frac{1}{C_s} - \frac{1}{C_N}\,\frac{R_B}{R_A}\right) = \frac{1}{\omega}\left(\frac{1}{C_s} - \frac{1}{C_{s0}}\right)$$

ab, d. h., bei festen Werten von R_A und R_B können die Skalen von C_A und C_s direkt in Ohm geeicht werden. Allerdings gilt die Eichung von C_s nur für eine bestimmte Frequenz. Ist der unbekannte Blindwiderstand aber kapazitiv, kann man die entsprechende Abgleichbedingung auf eine Form

$$C_x' = \frac{C_{s0} C_s}{C_s - C_{s0}}$$

bringen; die Größe der unbekannten Kapazität kann man also direkt am Serienkondensator ablesen.

2.3.5. *Erdung und Abschirmung*

Für Messungen mit hochfrequenten Wechselspannungen stehen in den Labors meist keine einwandfreien Erden zur Verfügung, da die üblicherweise benutzten Rohr- und Leitungssysteme bereits Störspannungen führen können. Als Brückenerde im Sinne der nachfolgenden Betrachtungen soll daher lediglich der die Brückenbauelemente enthaltende Abschirmkasten angesehen werden.

Wie bereits im Zusammenhang mit Abb. 17b kurz erläutert, wird in der Regel sowohl der die Brücke speisende Wechselspannungsgenerator als auch der als Nullindikator benutzte Empfänger oder Spannungsmesser mittels Übertrager angeschlossen, da die verwendeten Generatoren und Empfänger meistens unsymmetrische, d. h. einseitig geerdete Ein- und Ausgänge besitzen. Dadurch erreicht man gleichzeitig, daß die Verbindung der Brückenschaltung mit ihrem Abschirmgehäuse unabhängig von der Erdung der Zusatzgeräte am meßtechnisch und konstruktiv günstigsten Punkt vorgenommen werden kann. Beim Aufbau des Meßplatzes sind Erdungsschleifen zu vermeiden, da sie die Quelle von Störspannungen sein und so den Brückenabgleich erschweren können. Ebenso können Brummspannungen auftreten, wenn verschiedene Geräte des Meßplatzes aus verschiedenen Netzsteckdosen über Schutzkontaktleitungen gespeist werden [13].

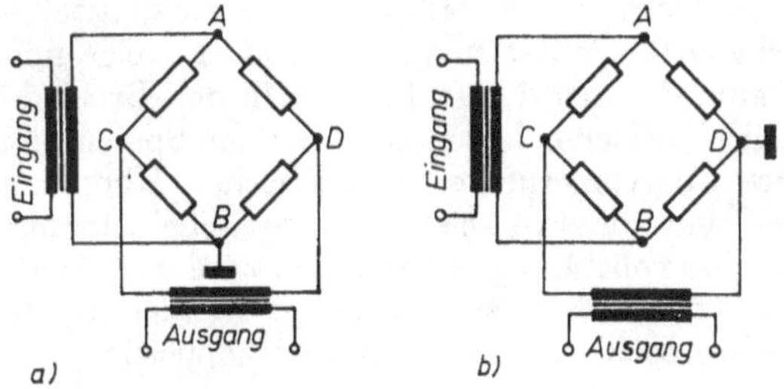

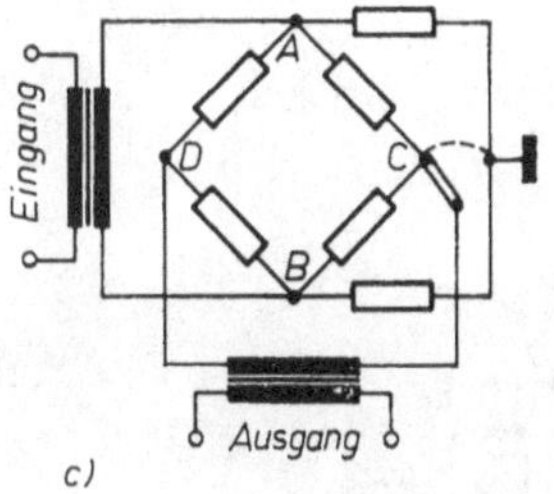

Abb. 21. Erdung von Wechselstrombrücken
a) einseitige Erdung des Einganges
b) direkte Erdung des Nullzweiges
c) indirekte Erdung des Nullzweiges über WAGNER-Hilfsbrücke

Die verschiedenen Möglichkeiten der Brückenerdung werden in Abb. 21 gezeigt. Die indirekte Erdung des Nullzweiges über einen WAGNER-Hilfszweig [6b] (Abb. 21c) eignet sich besonders für DK-Messungen mit Schutzring-Stoffmeßkondensator. Bei direkter Erdung des Nullzweiges (Abb. 21b) kann das Meßobjekt einseitig auf Erdpotential liegen, was für viele Meßaufgaben vorteilhaft ist. Diese Anordnung wird für Messungen mit schutzringlosen Stoffmeßkondensatoren bevorzugt.

Gegenseitige kapazitive und induktive Kopplungen zwischen den Bauelementen einer Brücke sowie die Streukapazitäten gegen Erde haben zur Folge, daß die Schaltung frequenzabhängig wird. Im Ersatzschaltbild lassen sich zwar diese Streu- und Koppelkapazitäten und -induktivitäten darstellen; da sie jedoch nicht exakt lokalisiert werden können, läßt sich auch ihr Einfluß auf den Brückenabgleich und damit auf das Meßergebnis nicht abschätzen. Während man durch den Einbau elektrostatischer Abschirmungen Streu- und Erdkapazitäten in Parallelkapazitäten der einzelnen Brückenzweige umwandeln kann, die sich damit definiert in den Brückenabgleich mit einbeziehen lassen, muß die von Spulen und Übertragern hervorgerufene magnetische Kopplung durch genügend massive, elektromagnetische Abschirmung möglichst vollständig unterbunden werden. Primär- und Sekundärwicklung der Übertrager werden durch eine statische Abschirmung kapazitiv entkoppelt.

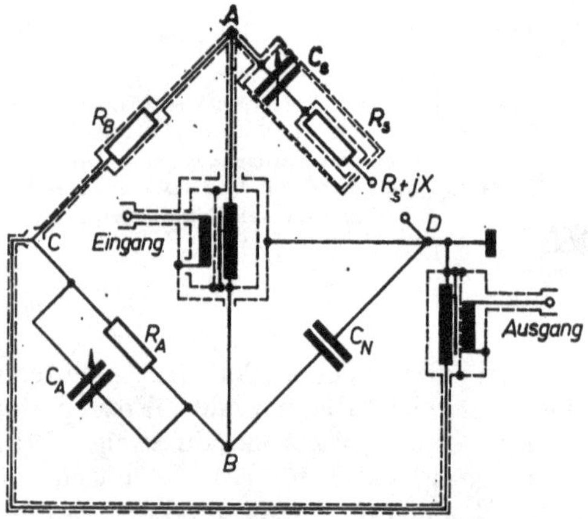

Abb. 22. Modifizierte SCHERING-Brücke mit Abschirmungen

Abb. 22 zeigt die Schaltung einer modifizierten SCHERING-Brücke mit Ein- und Ausgangsübertrager und Abschirmung. Durch die mehrfache Schirmung der Serienelemente im X-Zweig $\overline{AD}$ der Brücke wird erreicht, daß Streu- und Erdkapazitäten in konstante Parallelkapazitäten zu R_s und C_s umgewandelt werden. Beim Drehkondensator C_s muß der Rotor mit der Abschirmung verbunden werden, damit die entstehende Parallelkapazität konstant ist. Die äußere Abschirmung der Serienelemente und die Abschirmung des Eingangsübertragers verwandeln die gesamte Streukapazität in eine unschädliche Kapazität zwischen den Brückenpunkten A und B, die Abschirmung des Zweiges $\overline{AC}$ dessen Streukapazität in eine Parallelkapazität zu C_A. Die gesamte Erdkapazität dieser Abschirmungen liegt parallel zu C_N. Die Abschirmung des Nullzweiges schließlich wandelt dessen Streukapazität in eine unschädliche Parallelkapazität um.

Natürlich bleibt trotz dieser aufwendigen konstruktiven Maßnahmen der Brückenabgleich frequenzabhängig. Durch einen Nullabgleich vor der eigentlichen Messung, der nach jedem Frequenzwechsel wiederholt werden muß, erreicht man, daß das Meßergebnis nicht mehr verfälscht wird. Durch Parallelschalten mehrerer Abgleichelemente kann man Null- und Meßabgleich voneinander unabhängig machen; das Meßergebnis kann direkt an entsprechenden Skalen abgelesen werden. In jedem Fall muß aber beachtet werden, daß es infolge dieser Frequenzabhängigkeit zu Störungen durch Harmonische kommen kann [13]. Um die hohe Genauigkeit und Abgleichempfindlichkeit von Brückenschaltungen tatsächlich ausnutzen zu können, empfiehlt sich daher die Verwendung eines auf die Frequenz der Meßspannung abgestimmten, selektiven Indikators. Als besonders bequem zu handhaben erweisen sich die aus der Übertragungstechnik bekannten Pegelmeßplätze, bei denen Sender- und Empfängerabstimmung gleichzeitig an einem Drehknopf vorgenommen werden.

Die sich aus definierter Erdung und Abschirmung ergebenden Vorteile sollen am Beispiel einer speziellen Leitwertmeßbrücke etwas ausführlicher erläutert werden. Die bisher besprochenen Brückenschaltungen gestatten nur Messungen an einseitig geerdeten Meßobjekten. Natürlich kann man entsprechend Abb. 21 auch einen anderen Brückenpunkt erden; dann läßt sich aber über die Potentialverhältnisse zwischen Meßobjekt und Erde keine exakte Aussage mehr machen, und Streukapazitäten können zusätzliche Fehler liefern. In der Brückenschaltung nach SHACKLETON-FERGUSON (Abb. 23) kann man den unbekannten Leitwert sowohl bei einseitiger Erdung als auch bei symmetrisch gegen Erde geschalteter Probe messen. Im zweiten Fall bestimmt man dann direkt den Durchgangsleitwert, wenn die Streukapazitäten beider Probenanschlüsse gegen Erde gleich groß sind.

Betrachten wir zunächst die in Abb. 23a dargestellten Abschirmungen und ihre Wirkung in der Schaltung. Die Schirme S_1, S_2, S_5 und S_6 der Widerstände verwandeln deren Streukapazitäten in die Parallelkapazitäten C_{S1}, C_{S2}, C_{S5} und C_{S6}. Die Kapazität $C_{13} + C_{23}$ zwischen den inneren Abschirmungen S_1 und S_2 und der äußeren Abschirmung S_3 liegt parallel zum Brückeneingang, die innere Kapazität C_{S4} der Abschirmung S_4 parallel zum Ausgang; diese beeinflussen also den Abgleich nicht. Die Kapazität C_{34} zwischen S_3 und S_4 liegt parallel zu den Meßklemmen. Die Kapazität C_N des Differential-Drehkondensators läßt sich in zwei Anteile C_{N1} und C_{N2} zerlegen, die in den Brückenzweigen $\overline{BC}$ und $\overline{BD}$ erscheinen. Die Erdkapazitäten aller Abschirmungen und übrigen Leitungsteile lassen sich den beiden Erdkapazitäten C_{B0} im Punkt B und C_{D0} im Punkt D zuordnen. Damit erhält man das in Abb. 23b gezeigte Ersatzschaltbild.

Bei der Ableitung der Abgleichbedingungen sollen C_{S1} und C_{S2} vernachlässigt werden. Der durch diese Vernachlässigung bedingte Fehler läßt sich beliebig klein machen, wenn man dafür sorgt, daß $C_{S1} = C_{S2}$ ist, und wenn man R_A und R_B so wählt, daß $R_A \ll 1/\omega C_{S1}$ und $R_B \ll 1/\omega C_{S2}$ ist.

Zur unsymmetrischen Messung einer verlustbehafteten Kapazität verbindet man den Brückenpunkt D mit Masse. Zunächst wird ohne Meßobjekt, d. h. mit offenen Meßklemmen, mit G_2 und C_2 ein Nullabgleich durchge-

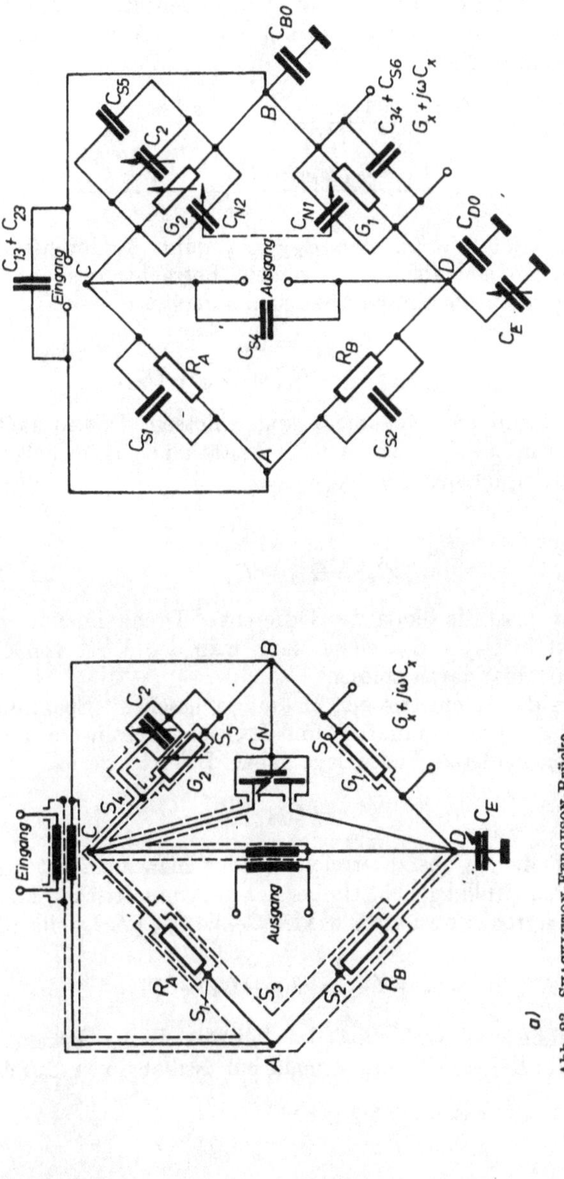

Abb. 23. SHACKLETON-FERGUSON-Brücke
a) Prinzipschaltbild mit Abschirmungen
b) gleichwertiges Ersatzschaltbild

führt, wobei der Differential-Drehkondensator in Mittelstellung bleibt, also $C_{N1} = C_{N2}$ ist. Die Abgleichbedingung lautet dann

$$\frac{G_{20} + j\omega(C_{N2} + C_{20} + C_{S5})}{1/R_A} = \frac{G_1 + j\omega(C_{N1} + C_{34} + C_{S6} + C_{B0})}{1/R_B}.$$

Daraus folgt, wenn man $R_A = R_B$ wählt (dadurch vereinfachen sich die nachfolgenden Betrachtungen, ohne daß prinzipielle Einschränkungen auftreten),

$$G_{20} = G_1,$$
$$C_{20} + C_{S5} = C_{34} + C_{S6} + C_{B0}.$$

Dann wird das Meßobjekt angeschlossen. Dessen Leitwert wird an G_2 und dessen Kapazität an C_N abgeglichen. Damit ergibt sich

$$G_x = G_2 - G_{20}$$

und

$$C_x = C_{N2} - C_{N1}.$$

Wenn man die Skala des Differential-Drehkondensators direkt in $C_{N2} - C_{N1}$ eicht, kann man den Wert von C_x unmittelbar daran ablesen.

Bei der symmetrischen Messung müssen die Spannungen der Brückenpunkte B und D gleiche Amplitude, aber entgegengesetzte Phasenlage haben. Das ist für

$$C_{B0} = C_{E0} + C_{D0}$$

der Fall. Um das zu erreichen, führt man zunächst den gleichen Nullabgleich wie bei der unsymmetrischen Messung durch, wobei auch wieder $C_{N1} = C_{N2}$ ist. Damit gilt wieder

$$C_{20} + C_{S5} = C_{34} + C_{S6} + C_{B0}.$$

Anschließend wird statt des Punktes D der Brückenpunkt B geerdet und erneut ein Nullabgleich durchgeführt, diesmal jedoch mit C_E:

$$C_{E0} + C_{D0} + C_{34} + C_{S6} = C_{20} + C_{S5} = C_{34} + C_{S6} + C_{B0}.$$

Damit ist, wie gefordert, $C_{E0} + C_{D0} = C_{B0}$. Nachdem die Erdung von B aufgehoben worden ist, muß die Brücke erneut, diesmal wieder mit C_2, abgeglichen werden. Dann ist, da immer noch $C_{N1} = C_{N2}$ bleibt,

$$C_2 + C_{S5} = C_{34} + C_{S6} + \frac{(C_{E0} + C_{D0})\,C_{B0}}{C_{E0} + C_{D0} + C_{B0}} = C_{34} + C_{S6} + \frac{C_{B0}}{2}.$$

Jetzt kann das Meßobjekt angeschlossen werden, dessen Kapazität und Leitwert wie bei der unsymmetrischen Messung mit G_2 und C_N abgeglichen und direkt an deren Skalen abgelesen werden können.

2.3.6. *Schutzringmessungen*

Die Abb. 24 zeigt ein Beispiel für eine spezielle Schutzringmeßbrücke, eine SCHERING-Brücke mit WAGNER-Hilfszweig. Das Ziel der Messung besteht in der Bestimmung des Durchgangsleitwertes $Y_{12} = G_x + j\omega C_x$, wobei die weiteren im Ersatzschaltbild des Schutzringkondensators angegebenen Kapazitäten und Leitwerte (s. Abb. 10) das Meßergebnis nicht beeinflussen sollen. Dazu wird die Schutzringelektrode einschließlich der Abschirmung des gesamten Stoffmeßkondensators geerdet. Der Abgleich erfolgt dann in zwei Schritten. Zunächst wird die aus den Zweigen $\overline{ADB}$ und $\overline{AEB}$ bestehende Brücke mit C_H und R_H im Hilfszweig abgeglichen. Da Punkt E geerdet ist, hat dann auch die Meßelektrode E_m des Schutzringkondensators Erdpotential. Dadurch liegen die Teilkapazität C_{gs} zwischen Gegenelektrode E_g und Schutzring E_s sowie die zugehörigen Verluste G_{gs} parallel zu

R_H und C_H im WAGNER-Hilfszweig, gehen also in den Hilfsabgleich mit ein, werden aber von der eigentlichen Meßbrücke nicht mit erfaßt, während die Teilkapazität C_{ms} und der Verlustleitwert G_{ms} zwischen Meß- und Schutzringelektrode verschwinden. Der eigentliche Abgleich erfolgt dann in der bereits in 2.3.4. beschriebenen Weise, wobei G_x und C_x aus C_N und C_A ermittelt werden.

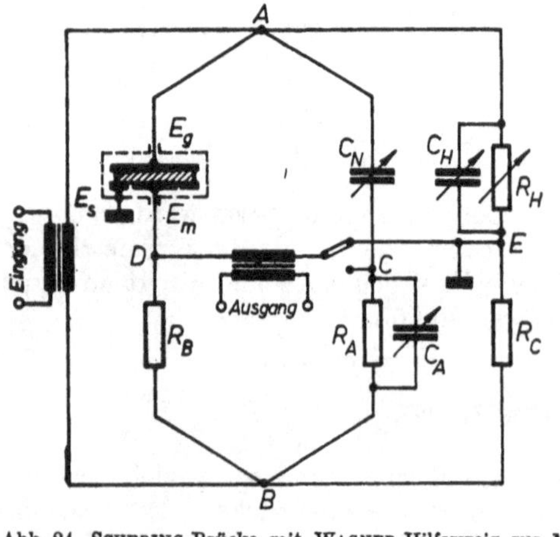

Abb. 24. SCHERING-Brücke mit WAGNER-Hilfszweig zur Messung an Schutzring-Kondensatoren

2.3.7. *Brückenschaltungen für tiefe Frequenzen*

Bei sehr tiefen Frequenzen ($f < 50$ Hz) wird der Abgleich der gebräuchlichen Wechselstrombrücken insbesondere bei Messungen an Proben mit geringem Verlustfaktor wegen der sehr großen Impedanzen ungenau und zeitraubend. PANDER [14a] gibt eine Scheinleitwertbrücke an, die aus einer Wirkbrücke [14b] abgeleitet worden ist (Abb. 25a). Wandelt man den durch die reellen Widerstände R_3, R_4 und R_6 gebildeten Stern in ein äquivalentes Dreieck um (Abb. 25b und c), ergibt

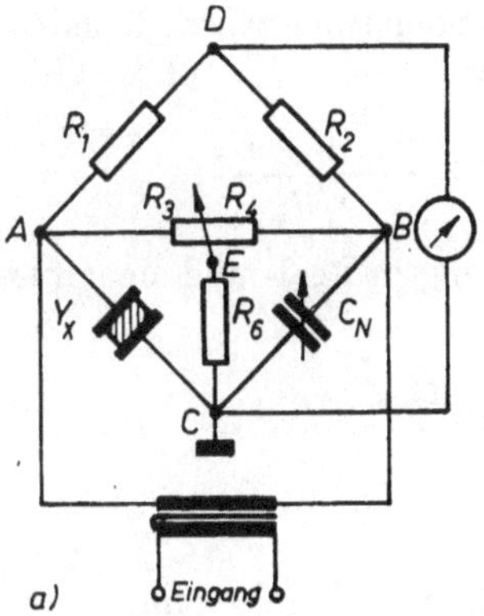

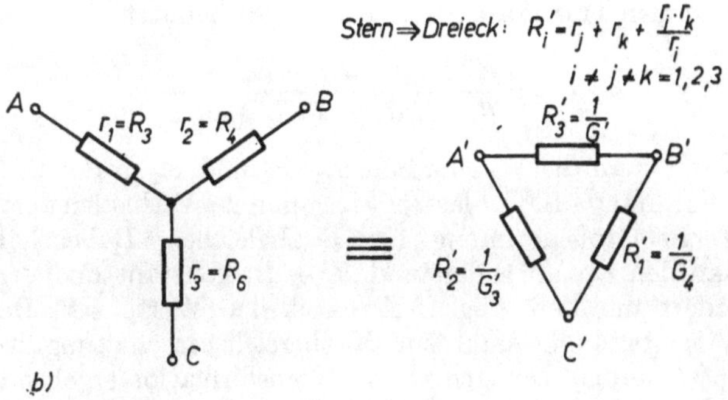

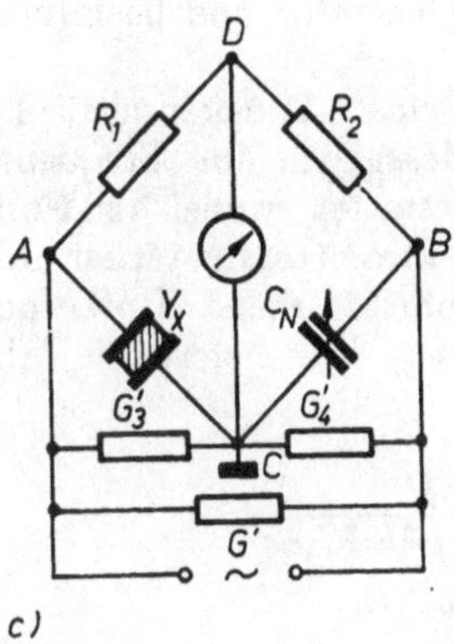

Abb. 25. Brückenschaltung nach PANDER [14a] zur Scheinleitwertmessung bei tiefen Frequenzen

a) Schaltung der Brücke

b) zur Stern-Dreieck-Transformation

c) gleichwertige Ersatzschaltung zur Berechnung der Abgleichbedingung sich für einen verlustfrei angenommenen Normalkondensator die Abgleichbedingung zu

$$\frac{G_3' + G_x + j\omega C_x}{1/R_1} = \frac{G_4' + j\omega C_N}{1/R_2},$$

und daraus folgt nach Trennung in Real- und Imaginärteil

$$C_x = \frac{R_2}{R_1} C_N,$$

$$G_x = \frac{R_2}{R_1} (G_4' - G_3')$$

oder, wenn man die für die Stern-Dreieckumformung geltenden Transformationsgleichungen benutzt,

$$G_x = \frac{R_2}{R_1} \cdot \frac{R_3 - R_4}{R_3 R_4 + R_3 R_6 + R_4 R_6}.$$

Wählt man die Widerstände R_3, R_4 und R_6 in der Größenordnung $10^6 \Omega$, lassen sich damit Verlustleitwerte in der Größenordnung 10^{-12} S abgleichen. Dabei hält man den Gesamtwiderstand $R_3 + R_4$ konstant und verändert nur den Abgriff E um kleine Werte ΔR. Der Widerstand R_6 kann zur Meßbereichsumschaltung benutzt werden. Der sich aus der Transformation ergebende Leitwert G' liegt parallel zum Generator und beeinflußt den Brückenabgleich nicht.

Stoll [14c] verwendet eine Brückenschaltung (Abb. 26), die dielektrische Messungen im Frequenzbereich von 10^{-3} bis 10^2 Hz gestattet, wobei als Nullindikator ein hochwertiger Elektrometerverstärker mit nachfolgendem Filter und Sichtgerät dient. Unter der Voraussetzung, daß $R_2 C_2 = R_N C_N$ ist, liefert die Abgleichbedingung

$$C_x = \frac{C_N}{C_2} \cdot \frac{C_1}{1 + \omega^2 R_1^2 C_1^2},$$

$$\tan \delta_x = \omega C_1 R_1 .$$

Im Bereich tiefster Frequenzen wird die Brücke nicht vollständig abgeglichen. Das verbleibende Brückenausgangssignal wird mittels eines Koordinatenschreibers gegen die Generatorspannung aufgetragen. Aus der dabei entstehenden LISSAJOUS-Figur lassen sich Kapazität und Verlustfaktor der Probe bestimmen. Der Einfluß von Streukapazitäten kann nach STOLL weitgehend durch eine automatische Nachsteuerung des Potentials der Abschirmungen der einzelnen Brückenzweige unterdrückt werden. Allerdings erfordert dieses Meßverfahren neben einem hohen Aufwand an elektronischen Hilfsmitteln recht umfangreiche Auswertearbeiten.

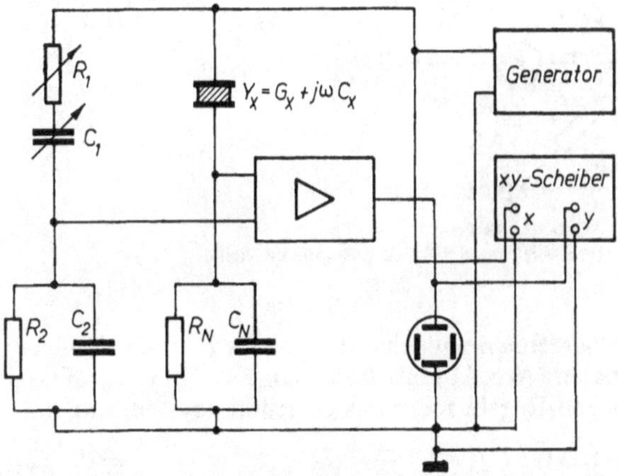

Abb. 26. Brückenschaltung nach STOLL [14c] für dielektrische Messungen im Tiefstfrequenzbereich (schematisch)

2.3.8. *Empfindlichkeit einer Brückenschaltung*

Für meßtechnische Anwendungen ist es interessant zu wissen, unter welchen Voraussetzungen eine Brückenschaltung optimale Empfindlichkeit aufweist. Dabei soll unter der Empfindlichkeit einer Widerstandsbrücke die auf die relative Widerstandsänderung in einem Brückenzweig bezogene Größe des Signales in der Brükkendiagonalen verstanden wërden, wobei von der abgeglichenen Brücke ausgegangen wird. Die folgenden Betrachtungen sollen der Einfachheit halber auf eine Gleichstrom-WHEATSTONE-Brücke beschränkt werden, wobei sich zeigen wird, daß sich bereits so wesentliche Aussagen machen lassen.

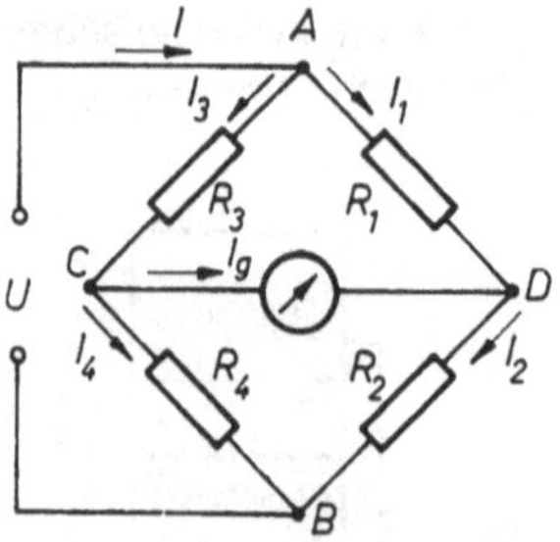

Abb. 27. WHEATSTONE-Brücke
(zur Ableitung der Brücken-Empfindlichkeit)

Wir berechnen zunächst den Strom I_g in der Brückendiagonalen. Aus Abb. 27 liest man mit Hilfe der KIRCHHOFFschen Regeln folgendes Gleichungssystem ab:

$$\begin{array}{llr}
\text{(Knoten A)} & I_1 + I_3 = I & (2.1)\\
\text{(Knoten } D) & I_1 - I_2 + I_g = 0 & (2.2)\\
\text{(Knoten } C) & I_3 - I_4 - I_g = 0 & (2.3)\\
\text{(Masche } ADC) & R_1 I_1 - R_3 I_3 - R_g I_g = 0 & (2.4)\\
\text{(Masche } BCD) & R_2 I_2 - R_4 I_4 + R_g I_g = 0\,. & (2.5)
\end{array}$$

Daraus findet man nach der KRAMERschen Regel bei gegebenem Eingangsstrom I

$$I_g = I \frac{R_1 R_4 - R_2 R_3}{R_g(R_1 + R_2 + R_3 + R_4) + (R_1 + R_3)(R_2 + R_4)}.$$

Nimmt man dagegen die Generatorspannung U als gegebene Größe an, muß Gleichung (2.1) durch

$$\text{(Masche } ADB\text{)} \quad R_1 I_1 + R_2 I_2 = U \tag{2.1'}$$

ersetzt werden, und damit ergibt sich

$$I_g = U \frac{R_1 R_4 - R_2 R_3}{R_g(R_1 + R_2)(R_3 + R_4) + R_1 R_2 R_3 + R_2 R_3 R_4 + R_3 R_4 R_1 + R_4 R_1 R_2}.$$

Natürlich liefern diese Gleichungen für $I_g = 0$ die Abgleichbedingung der WHEATSTONE-Brücke in der bereits in 2.3.1. angegebenen Form.

Häufig verwendet man als Brückenindikator kein Galvanometer, sondern einen Spannungsmesser. Dann ist die Spannung in der Brückendiagonalen allgemein $U_g = I_g R_g$, wenn R_g der Eingangswiderstand des Spannungsmessers ist. Damit gilt

$$U_g = I \frac{(R_1 R_4 - R_2 R_3) R_g}{R_g(R_1 + R_2 + R_3 + R_4) + (R_1 + R_3)(R_2 + R_4)}$$

$$= U \frac{(R_1 R_4 - R_2 R_3) R_g}{R_g(R_1 + R_2)(R_3 + R_4) + R_1 R_2 R_3 + R_2 R_3 R_4 + R_3 R_4 R_1 + R_4 R_1 R_2}.$$

Ist jedoch der Eingangswiderstand des Spannungsmessers so groß, daß der Querstrom I_g gegenüber den anderen Brückenströmen vernachlässigt werden kann, d. h., daß die Diagonalenspannung U_g statisch gemessen wird, liest man aus Abb. 27 das folgende Gleichungssystem ab, wobei zunächst wieder der Generatorstrom I als bekannt angenommen wird:

$$\begin{array}{llr} \text{(Knoten } A\text{)} & I_1 + I_3 = I & (2.6) \\ \text{(Knoten } D\text{)} & I_1 - I_2 = 0 & (2.7) \\ \text{(Knoten } C\text{)} & I_3 - I_4 = 0 & (2.8) \\ \text{(Masche } ADC\text{)} & R_1 I_1 - R_3 I_3 - U_g = 0 & (2.9) \\ \text{(Masche } DBC\text{)} & R_2 I_2 - R_4 I_4 + U_g = 0. & (2.10) \end{array}$$

Daraus ergibt sich

$$U_g = I \frac{R_1 R_4 - R_2 R_3}{R_1 + R_2 + R_3 + R_4}.$$

Sieht man dagegen die Generatorspannung U als gegebene Größe an, ist Gleichung (2.6) durch

$$\text{(Masche } ADB\text{)} \quad R_1 I_1 + R_2 I_2 = U \tag{2.6'}$$

zu ersetzen, und man findet

$$U_g = U \frac{R_1 R_4 - R_2 R_3}{(R_1 + R_2)(R_3 + R_4)}.$$

In beiden Fällen ergibt sich für $U_g = 0$ wieder die wohlbekannte Abgleichbedingung der Wheatstone-Brücke.

Aus diesen Gleichungen läßt sich für meßtechnisch wichtige Betriebsfälle ableiten, unter welcher Voraussetzung die Brücke optimale Empfindlichkeit aufweist.

a) Die Generatorspannung U bleibt konstant (Spannungseinspeisung), und U_g wird statisch gemessen. Geht man von der abgeglichenen Brücke aus und setzt eine geringe Verstimmung ΔR_1 voraus, so gilt näherungsweise

$$\Delta U_g = U \frac{(R_1 + \Delta R_1) R_4 - R_2 R_3}{(R_1 + R_2)(R_3 + R_4)}$$

(im Nenner wurde ΔR_1 gegen $R_1 + R_2$ vernachlässigt). Setzt man im Zähler die Abgleichbedingung ein, so ist

$$\Delta U_g = U \frac{\Delta R_1 R_4}{(R_1 + R_2)(R_3 + R_4)} = U \frac{\Delta R_1}{R_1} \frac{1}{\dfrac{R_1 + R_2}{R_1} \cdot \dfrac{R_3 + R_4}{R_4}}.$$

Mit $R_2/R_1 = R_4/R_3 = m$ ist schließlich

$$\Delta U_g = U \frac{\Delta R_1}{R_1} \frac{1}{(1 + m)\left(1 + \dfrac{1}{m}\right)}.$$

Für $m = 1$ nimmt der Nenner ein Minimum an, d. h., die optimale Empfindlichkeit

$$\Delta U_{g\,\mathrm{opt}} = U \frac{\Delta R_1}{4R_1}$$

hat die Brücke bei $R_1 = R_2$ (Abb. 28, Kurve 1).

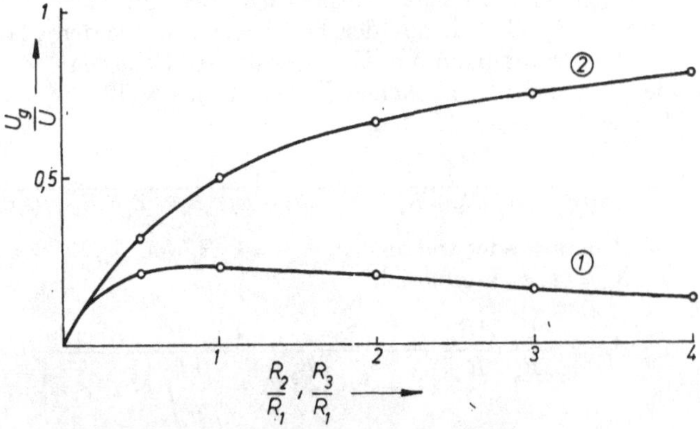

Abb. 28. Empfindlichkeit einer WHEATSTONE-Brücke
Kurve ①: Spannungseinspeisung
Kurve ②: Stromeinspeisung

b) Der Generatorstrom I ist konstant (Stromeinspeisung), und U_g wird statisch gemessen. Ähnlich wie im vorangegangenen Fall findet man als Näherung

$$\Delta U_g = I \Delta R_1 \frac{1}{1 + \frac{R_3}{R_4} + \frac{R_2}{R_4} + \frac{R_1}{R_4}}.$$

Setzt man im Nenner die Abgleichbedingung und die Abkürzungen $m = R_2/R_1$, $n = R_3/R_1$ ein, so ergibt sich

$$\Delta U_g = I \Delta R_1 \frac{1}{\left(1 + \frac{1}{m}\right)\left(1 + \frac{1}{n}\right)}.$$

Der Nenner wird minimal für $m, n \to \infty$, d. h., die optimale Empfindlichkeit

$$\Delta U_{g\,\mathrm{opt}} = I \Delta R_1$$

hat die Brücke bei $R_2 \gg R_1$ und $R_3 \gg R_1$ (Abb. 28, Kurve 2).

c) Etwas umständlicher ist die Herleitung einer entsprechenden Aussage hinsichtlich des Brückenquerstromes I_g. Es soll nur der Fall betrachtet werden, daß die Generatorspannung U konstant ist. Geht man wieder von der abgeglichenen Brücke aus, so gilt für eine kleine Änderung ΔR_1 näherungsweise

$$\Delta I_g = U \frac{R_4 \Delta R_1}{R_g(R_1 + R_2)(R_3 + R_4) + R_1 R_2 R_3 + R_2 R_3 R_4 + R_3 R_4 R_1 + R_4 R_1 R_2}$$

Setzt man wieder wie oben $R_1 R_4 = R_2 R_3$ und $R_2/R_1 = m$, $R_3/R_1 = n$, so ergibt sich

$$\Delta I_g = \frac{U}{R_1} \frac{\Delta R_1}{R_1} \frac{1}{(1 + m) \left[\frac{R_g}{R_1}\left(1 + \frac{1}{m}\right) + 1 + n\right]}.$$

Optimale Empfindlichkeit tritt ein, wenn der Nenner ein Minimum annimmt. Das führt auf $R_3 \ll R_1$ und

$$R_2 = R_1 \sqrt{\frac{R_g}{R_1 + R_3 + R_g}} \approx R_1 \sqrt{\frac{R_g}{R_1 + R_g}}.$$

In ähnlicher Weise lassen sich auch für andere Betriebsfälle Aussagen über die Empfindlichkeit von Brückenschaltungen gewinnen [14b].

2.3.9. *Übertragerbrücken*

Meist werden Meßbrücken mit einer konstanten Generatorspannung betrieben, und in der Diagonale befindet sich ein hochohmiger Spannungsmesser. Wie in 2.3.8. gezeigt wurde, geht die Empfindlichkeit zurück, wenn die Impedanzen in den Brückenzweigen stark voneinander abweichende Werte annehmen. Andererseits erfordert der Abgleich unbekannter Impedanzen eine Vielzahl von Normalen unterschiedlicher Größe, wenn man einen weiten Meßbereich erfassen will.

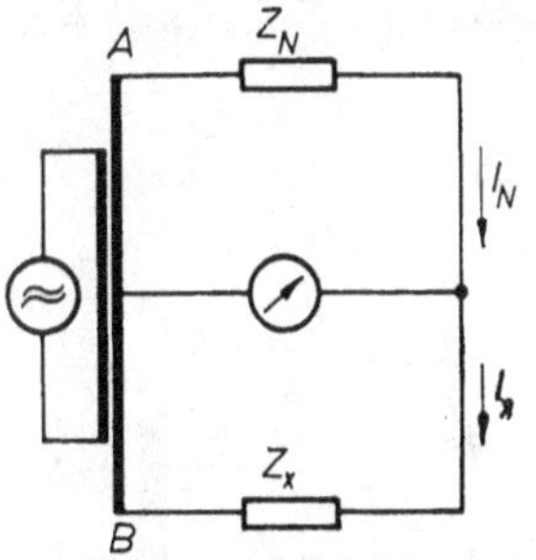

Abb. 29. Übertragerbrücke (Prinzipschaltbild)

Diese Nachteile treten bei Übertragerbrücken nicht auf [15, 16, 17, 18]. Bei diesem Brückentyp werden zwei Brückenarme durch die Anzapfungen einer extrem streuarmen Gegentaktwicklung auf einem Eisenkern gebildet. In Abb. 29 ist das Prinzipschaltbild einer solchen Übertragerbrücke (engl. transformer ratio-arm bridge) gezeigt. Die Brücke ist abgeglichen, wenn die Ströme I_N und I_x durch die Impedanzen Z_N und Z_x gleiche Amplitude und entgegengesetzte Phasenlage haben. Zum Abgleich der Brücke kann sowohl das Normal Z_N als auch das Spannungsverhältnis U_A/U_B benutzt werden. Da sich das Verhältnis dieser beiden gegenphasigen Spannungen mittels des Windungszahlenverhältnisses in weiten Grenzen verändern läßt, kann man auf einfache Weise und mit wenigen Normalen einen großen Meßbereich erfassen. Übertragerbrücken lassen sich für einen Frequenzbereich von etwa 100 Hz bis 200 MHz aufbauen.

Wie bereits in 2.3.5. gezeigt wurde, ist es zweckmäßig, auch den Indikator über einen Übertrager anzuschließen.

Das führt zu den in Abb. 30 gezeigten Differentialübertragerbrücken, von denen besonders die unsymmetrische (Abb. 30b) in der Meßtechnik Anwendung findet. Diese Brücke ist abgeglichen, d. h., die Ausgangsspannung des Übertragers Tr2 ist null, wenn der gesamte magnetische Kraftfluß in seinem Eisenkern zu Null wird. Aus dieser Forderung folgt

$$n_C I_N + n_D I_x = 0$$

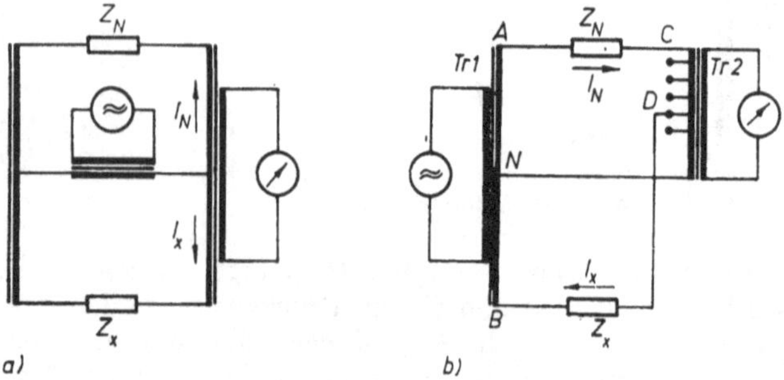

Abb. 30. a) symmetrische Differentialübertragerbrücke
b) unsymmetrische Differentialübertragerbrücke

(n_C Primärwindungszahl von Tr2 zwischen C und N, n_D Primärwindungszahl zwischen D und N). Andererseits ist

$$I_N = \frac{U_A}{Z_N} = U_0 \frac{n_A}{Z_N}$$

und

$$I_x = \frac{U_B}{Z_x} = -U_0 \frac{n_B}{Z_x}$$

(U_0 Spannung pro Windung in Tr1, n_A Sekundärwindungszahl von Tr1 zwischen A und N, n_B Sekundärwindungszahl zwischen B und N). Damit folgt als Abgleichbedingung

$$Z_x = \frac{n_D}{n_C} \frac{n_B}{n_A} Z_N,$$

wobei angenommen wurde, daß die Klemmenspannungen von Tr1 belastungsunabhängig sind und nur durch das Windungszahlenverhältnis bestimmt werden. Durch konstruktive Maßnahmen läßt sich erreichen, daß Innenwiderstand und Streukapazität von Tr1 vernachlässigbar kleine Werte annehmen, so daß diese Forderungen im normalen Betriebsbereich erfüllt sind. Aus der Abgleichbedingung liest man ab, daß der Brückenabgleich sowohl mittels Z_N als auch mittels der Windungszahlenverhältnisse n_D/n_C und n_B/n_A vorgenommen werden kann. Dadurch kann mit wenigen Normalen ein Abgleichbereich von etwa zehn Größenordnungen erfaßt werden.

Die unsymmetrischen Differentialübertragerbrücken weisen eine Vielzahl meßtechnischer Vorteile auf [16], die anhand der wichtigsten, in Abb. 31 gezeigten Anwendungsmöglichkeiten erläutert werden sollen. Am Brückenabgleich ändert sich nichts, wenn zwischen den Meßklemmen a und b und der neutralen Verbindung N zusätzliche Impedanzen liegen (Abb. 31a). Die Impedanz Z_a stellt eine Belastung des Eingangsübertragers Tr1 dar, die jedoch höchstens die Klemmenspannungen U_A und U_B im gleichen Maße beeinflußt und daher keinen Einfluß auf den Abgleich hat. Ebenso stellt Z_b zwar eine zusätzliche Belastung für Tr1 dar, da aber der Strom über Z_b nicht durch Tr2 fließt, hat auch diese Impedanz keinen Einfluß auf den Brückenabgleich. Es ist also möglich, den Durchgangsleitwert von Dreipolen (s. 2.1.2.) exakt zu messen, selbst wenn er bedeutend kleiner als die Parallelleitwerte $1/Z_a$ und $1/Z_b$ ist. Die Abbildungen 31b und c zeigen sich daraus ergebende meßtechnische Anwendungen. So beeinflussen Kapazität und Querleitwert der Anschlußkabel den Meßwert von Z_x nicht. Man kann noch bei Kabelkapazitäten von einigen 100 pF unbekannte Kapazitäten von $\leqq 1$ pF genau messen.

Ebenso lassen sich die Werte einzelner Widerstände in Netzwerken direkt bestimmen. Die Abb. 31d zeigt den Aufbau der Meßschaltung zur Bestimmung einer unbekannten Kapazität bei überlagertem elektrischen Gleichfeld. Der Trennkondensator C_{Bl} wird dabei so gewählt, daß er in der Serienschaltung gegenüber C_x vernachlässigt werden kann. Die Gleichspannungsquelle mit dem Spannungsmesser und dem Vorwiderstand R_v – dieser dient auch als Schutzwiderstand bei eventuellem Probendurchschlag – liegen praktisch parallel zur Wicklung BN des Übertragers Tr1, haben also, wie bereits gezeigt, keinen Einfluß auf den Abgleich. Aus den gleichen Überlegungen ergibt sich die Meßschaltung zur Bestimmung des Übertragungsleitwertes $Y_ü$ von Vierpolen

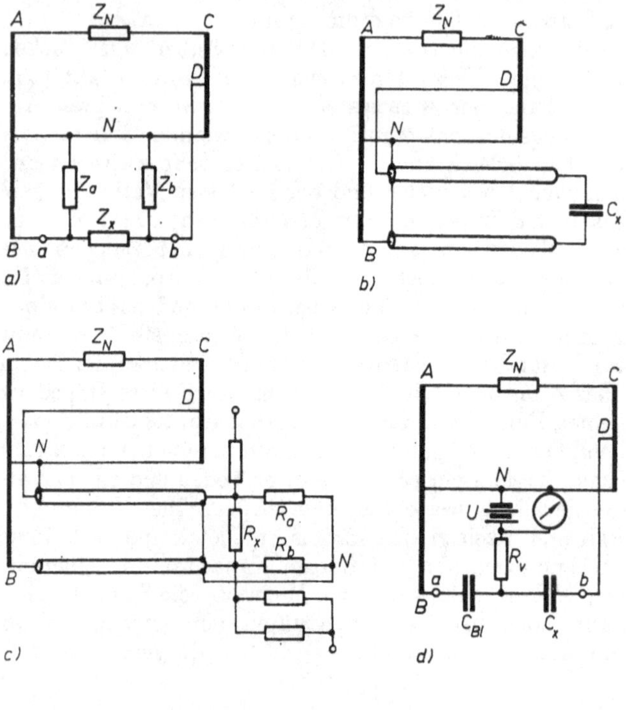

(Abb. 31e). Dabei wird der Abschlußwiderstand R_a zwischen den Vierpol und die Meßklemme b geschaltet. Da diese im abgeglichenen Zustand der Brücke auf N-Potential liegt, ist der Vierpol richtig abgeschlossen. In Abb. 31f schließlich ist eine Anordnung zur DK-Messung in einem Schutzringkondensator gezeigt. Die Abschirmungen der Verbindungsleitungen zwischen Brücke und Stoffmeßkondensator und der Schutzring werden an den neutralen Brückenpunkt N angeschlossen. Da im abgeglichenen Zustand Meßklemme b auf N-Potential liegt, sind die Bedingungen für eine exakte Schutzringmessung erfüllt (s. 2.1.3.), und es wird allein der Durchgangsleitwert $Y_{12} = Y_x = G_x + j\omega C_x$ gemessen. Schließlich soll darauf hingewiesen werden, daß man

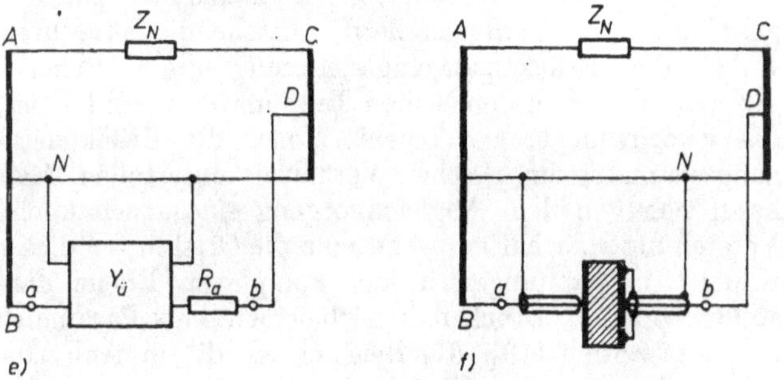

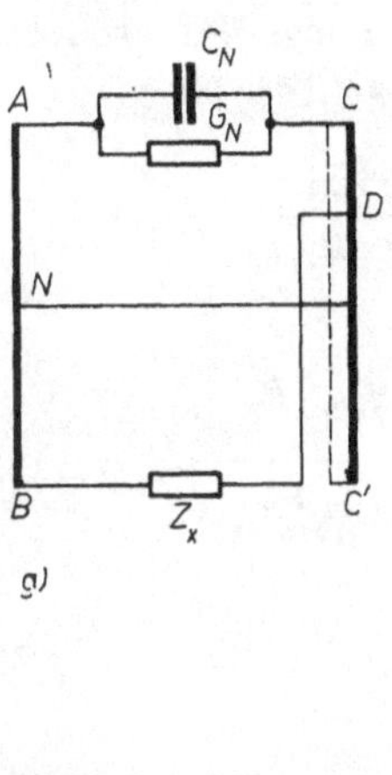

Abb. 31. Anwendungsmöglichkeiten einer Differentialübertragerbrücke

a) Messung an Dreipolen
b) zum Einfluß koaxialer Anschlußkabel
c) Betriebsmessung an Widerständen
d) Kapazitätsmessung bei überlagertem Gleichfeld
e) Messung an Vierpolen
f) Schutzringmessung
g) Abgleich induktiver Impedanzen mittels Kapazitäten

mittels kapazitiver Normale auch induktive Impedanzen abgleichen kann, wenn die Primärwicklung von Tr2 ebenfalls als Gegentaktwicklung ausgeführt wird (Abb. 31g). Dadurch wird die universelle Anwendbarkeit dieser Übertragerbrücken noch bedeutend erweitert.

2.3.10. *Der Brückenabgleich*

Bei ungünstigen Größenverhältnissen zwischen Wirk- und Blindkomponente des Meßobjektes kann der Brükkenabgleich Schwierigkeiten bereiten, weil das Spannungsminimum nur sehr schwach ausgeprägt ist. Um das zu erläutern, wollen wir den Abgleichvorgang näher untersuchen. Bei der Aufstellung der Abgleichbedingungen hatten wir die Brückenschaltungen als aus zwei parallelgeschalteten Spannungsteilern bestehend betrachtet, wobei die Brückenausgangsspannung die Potentialdifferenz zwischen den beiden Teilpunkten C und D ist, die verschwindet, wenn beide Teiler die Brückeneingangsspannung im gleichen Verhältnis unterteilen. Man kann sich von dem Abgleichvorgang eine anschauliche Vorstellung verschaffen, wenn man die Ortskurven dieser beiden Teilspannungen in der komplexen Ebene darstellt, wobei die Brückenabgleichelemente als Parameter benutzt werden [13]. Als Beispiel soll die in Abb. 20a dargestellte SCHERING-Brücke betrachtet werden, wobei willkürlich der Punkt B als Spannungs-Bezugspunkt gewählt werden soll. Aus der Schaltung liest man

$$U_{DB} = U_{AB} C_x' \frac{C_x' + C_N - j \tan \delta_x \cdot C_N}{(C_x' + C_N)^2 + \tan^2 \delta_x \cdot C_N^2}$$

und

$$U_{CB} = U_{AB} \frac{\dfrac{R_B}{R_A} + 1 - j\omega C_A R_B}{\left(\dfrac{R_B}{R_A} + 1\right)^2 + \omega^2 C_A^2 R_B^2}$$

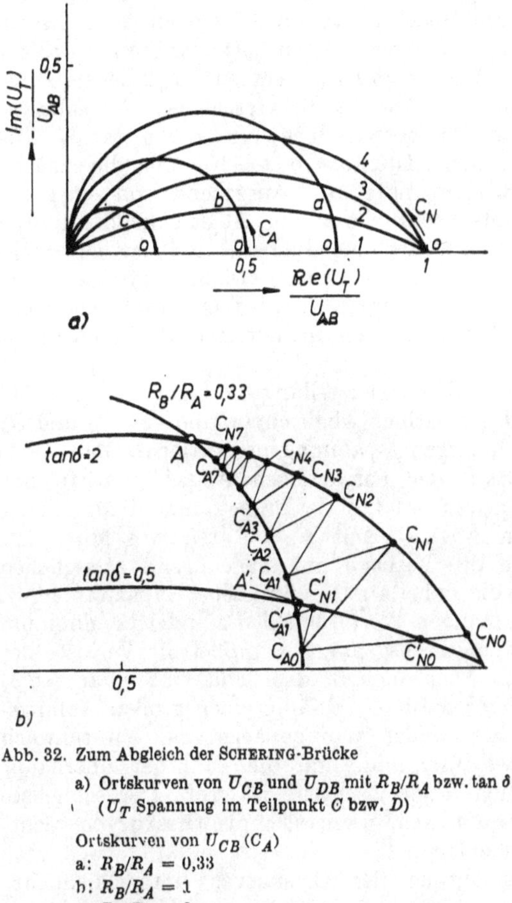

Abb. 32. Zum Abgleich der SCHERING-Brücke

a) Ortskurven von U_{CB} und U_{DB} mit R_B/R_A bzw. $\tan\delta$ als Parameter (U_T Spannung im Teilpunkt C bzw. D)

Ortskurven von U_{CB} (C_A)
a: $R_B/R_A = 0{,}33$
b: $R_B/R_A = 1$
c: $R_B/R_A = 3$

Ortskurven von U_{DB} (C_N)
1: $\tan\delta = 0$
2: $\tan\delta = 0{,}5$
3: $\tan\delta = 1$
4: $\tan\delta = 2$

b) Darstellung des Abgleichvorganges bei verschiedenen Verlusten ab mit $\tan \delta_x = R_x \omega C_x'$. Die Ortskurven von U_{CB} sind Kreise, deren Mittelpunkte auf der reellen Achse liegen, die von U_{DB} sind Kreise, deren Mittelpunkte auf der zur imaginären Achse parallelen Geraden $U_{AB}/2$ liegen. Diese Ortskurven zeigt Abb. 32 für verschiedene Verhältnisse R_B/R_A bzw. für verschiedene Werte von $\tan \delta_x$. Die Schnittpunkte der Ortskurven stellen jeweils die exakten Brückenabgleichpunkte dar. Ausgehend von einer beliebigen Anfangseinstellung der Abgleichkondensatoren läßt sich der Abgleich umso schneller und genauer durchführen, je größer der Schnittwinkel zwischen den betreffenden Ortskurven ist. Das veranschaulicht Abb. 32b für zwei Proben mit unterschiedlichen Verlustfaktoren.

Dabei ist in dieser Darstellung die Länge der Geraden zwischen den einzelnen Abgleichpunkten von C_N und C_A der Brückenausgangsspannung proportional. Man sieht, daß die Zahl der notwendigen Abgleichschritte mit wachsendem Verlustfaktor der Probe zunimmt. Man findet zwar beim Abgleich mit C_N ein relatives Minimum, auch wenn die Verluste nur ungenügend abgeglichen sind, aber die dabei an C_N abgelesene Kapazität ergibt nicht den richtigen Wert für C_x'. Das relative Minimum ist umso weniger ausgeprägt, je größer die Verluste der Probe sind. Aber auch in dem Fall, daß zwar $\tan \delta_x$ klein ist, aber dafür C_A zufällig einen großen Anfangswert C_{A0} hat, findet man zunächst nur ein schwach ausgeprägtes Minimum, und die Zahl der überhaupt erforderlichen Abgleichschritte ist groß. Der schnellste Abgleich ergibt sich, wenn sich die Ortskurven rechtwinklig schneiden.

Die Betrachtung der Ortskurven unterschiedlicher Meßbrücken zeigt, daß bei gleichem Meßobjekt verschiedene Brückenschaltungen oder sogar verschiedene Abgleichelemente bei ein und derselben Brückenschaltung einen unterschiedlich schnellen und genauen Abgleich ermöglichen [13]. Insbesondere bei häufigen Messungen an stets gleichartigen Meßobjekten ist daher die

Anwendung einer Brücke vorteilhaft, die in diesem speziellen Fall einen schnellen und exakten Abgleich erlaubt.

2.3.11. Automatische Kapazitätsmessung

Ein auf dem Prinzip der Strom-Spannungs-Messung (s. 2.2.) beruhender Meßplatz läßt sich leicht so erweitern, daß das Ergebnis der DK-Messung selbsttätig in analoger oder digitaler Form angezeigt wird, da bei konstanter Meßfrequenz das Ausgangssignal des phasenempfindlichen Gleichrichters proportional zu ε' bzw. ε'' ist. Das Ergebnis kann also als Funktion einer unabhängigen Variablen direkt registriert werden. Mit Hilfe eines Koordinatenschreibes kann diese Funktion sofort graphisch dargestellt werden. Derartige DK-Meßplätze werden bevorzugt zum Aufzeichnen von ε' und ε'' oder $1/\varepsilon_r$ als Funktion der Temperatur verwendet, wobei eine mittels eines Thermopaares erzeugte, der Temperatur proportionale Spannung als unabhängige Variable in x-Richtung und die der DK proportionale Spannung in y-Richtung aufgetragen wird. Durch einen Analog-Digital-Umsetzer (Digitalvoltmeter) kann die Ausgangsspannung des phasenempfindlichen Gleichrichters auch in ein entsprechendes Digitalsignal umgewandelt und in dieser Form gespeichert oder weiter verarbeitet werden.

Leitet man bereits vor der phasenempfindlichen Gleichrichtung eine dem Meßsignal analoge Gleichspannung U_M ab, so ist diese dem Betrag der DK $|\varepsilon_r|$ proportional. Mit Hilfe eines elektronischen Umschalters kann dann sowohl $U_M \sim |\varepsilon_r|$ als auch $U_M' \sim \varepsilon'$ direkt graphisch dargestellt werden. Diese beiden Meßwerte stimmen bei geringen dielektrischen Verlusten praktisch überein. Erst für größere Werte von $\tan \delta_x$ ergeben sich meßbar voneinander abweichende Werte U_M und U_M', aus denen sich

$$\varepsilon'' \sim \frac{\sqrt{U_M^2 - U_M'^2}}{\hat{U}}$$

und

$$\tan \delta_x = \frac{\sqrt{U_M^2 - U_M'^2}}{U_M'}$$

ergeben ($\hat{U}$ Amplitude der Meßwechselspannung).

Auf die besonderen, die Meßgenauigkeit einschränkenden Schwierigkeiten, die bei der direkten Messung kleiner Verlustfaktoren auftreten, war bereits bei der Behandlung der Strom-Spannungs-Meßverfahren hingewiesen worden. Diese Schwierigkeiten lassen sich umgehen, wenn man wieder zu einem Brückenverfahren übergeht. Das anhand von Abb. 33 geschilderte Meßprinzip liegt den meisten kommerziellen automatischen Kapazitätsmeßbrücken zugrunde.

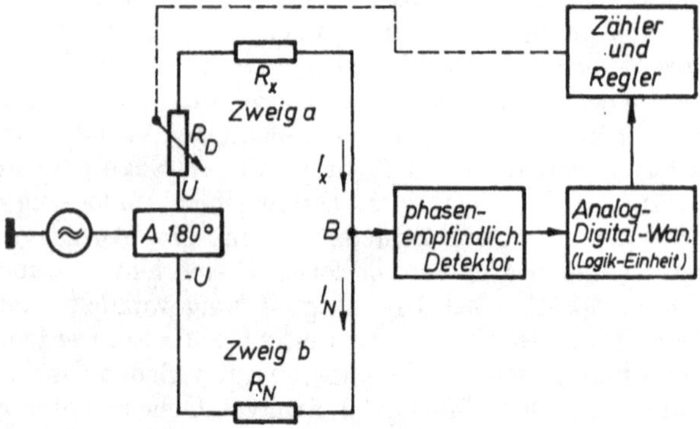

Abb. 33. Vereinfachtes Prinzipschaltbild einer automatischen Widerstandsmeßbrücke

Am Knotenpunkt A wird in die beiden Zweige a und b eine Meßspannung konstanter Frequenz und Amplitude, aber entgegengesetzter Phasenlage eingespeist. Zunächst wird i. allg. der resultierende Strom $I_x + I_N$ im Knotenpunkt B von null verschieden sein. Über den phasenempfindlichen Detektor wird eine analoge Gleichspannung erzeugt, deren Vorzeichen von der Phasenlage des Stromes in B abhängt, d. h. je nachdem ob $I_x > I_N$ oder $I_x < I_N$ ist, ist das Ausgangssignal des Detektors positiv oder negativ. Über einen Analog-Digital-Wandler, hier auch als Logikeinheit bezeichnet, wird eine mit einem Zähler verknüpfte Regeleinheit angesteuert. Diese regelt das Dämpfungsglied R_D so nach, daß der Strom im Summierknoten B verschwindet. Die erforderlichen Regelschritte werden gezählt und sind bei bekanntem Vergleichswiderstand R_N ein direktes Maß für den unbekannten Widerstand R_x; man kann also die digitale Anzeige direkt in Widerstandswerten eichen. Eine Meßbereichsumschaltung kann mittels R_N erfolgen.

Eine erweiterte Brückenschaltung zur automatischen Messung einer Kapazität und ihres Verlustleitwertes zeigt Abb. 34. Dazu werden zwei getrennte Vergleichs-

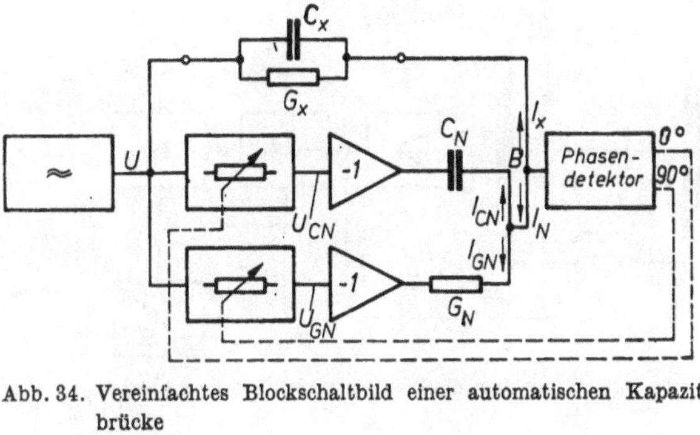

Abb. 34. Vereinfachtes Blockschaltbild einer automatischen Kapazitätsmeßbrücke

zweige benötigt, die über den Phasendetektor und die Logikeinheit abwechselnd abgeglichen werden, bis $I_x = I_N$ ist; dann stimmen Blind- und Wirkstrom durch das Meßobjekt mit den entsprechenden Vergleichsströmen überein:

$$I_{Gx} = I_{GN},$$
$$I_{Cx} = I_{CN}.$$

Es müssen sich also die miteinander verglichenen Leitwerte umgekehrt wie die an sie angelegten Spannungen verhalten. Daraus folgt

$$G_x = G_N \frac{U_{GN}}{U},$$

$$C_x = C_N \frac{U_{CN}}{U}.$$

Die Steuerung der Dämpfungsglieder erfolgt in der oben beschriebenen Weise. Bei vorgegebenen Werten der Normale C_N und G_N sind die zum Einstellen des Spannungsverhältnisses U_{CN}/U bzw. U_{GN}/U erforderlichen Stellschritte ein Maß für die zu bestimmende Kapazität C_x und ihren Verlustwiderstand G_x.

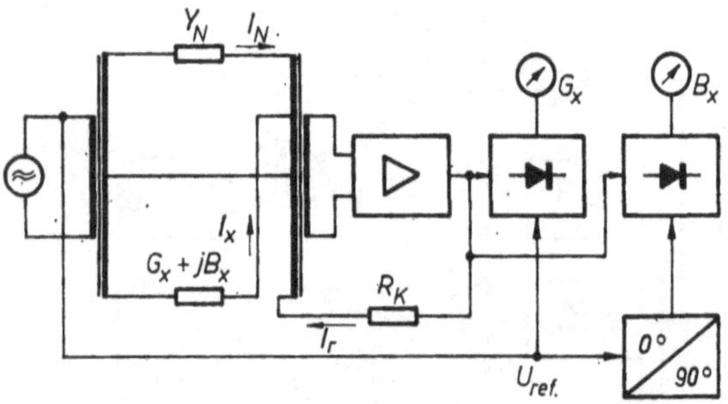

Abb. 35. Prinzipschaltung einer direktanzeigenden Übertragerbrücke

Meßgeräte dieser Art arbeiten zwar nur bei Festfrequenzen zwischen 1 kHz und 1 MHz, gestatten aber die schnelle und genaue Messung von Kapazität und Verlustleitwert — bei manchen Geräten wird wahlweise der Verlustleitwert oder der Verlustfaktor angezeigt — in sehr weiten Meßbereichen.

Auch auf der Grundlage einer Übertragerbrücke läßt sich eine direktanzeigende Meßbrücke aufbauen [16] (Abb. 35). Der Eingangsübertrager erzeugt die beiden gegenphasigen Meßspannungen. Der Abgleich wird durch einen Rückkopplungsstrom erreicht, der vom Ausgang des Meßverstärkers über R_k der Primärwicklung des Ausgangsübertragers zugeführt wird. Der Abgleich ist umso besser, je größer die Verstärkung ist. Die Ausgangsspannung des Meßverstärkers wird mittels phasenempfindlicher Gleichrichter ausgewertet, deren Ausgangsspannungen dann B_x und G_x, d. h. ε' und ε'' direkt proportional sind.

2.4. *Admittanzmessung im Doppel-*T-*Vierpol*

Wir wollen eine weitere Schaltung kennenlernen, die Admittanzmessungen durch Abgleich mittels Drehkondensatoren gestattet. Es handelt sich um das in Abb. 36 gezeigte Doppel-T-Netzwerk. Durch Abgleich mit C_4 und C_5 wird die Ausgangsspannung zum Verschwinden gebracht. Die unbekannte Admittanz Y_x läßt sich dann aus den Elementen des Vierpoles berechnen. Obwohl es sich nicht um eine Brückenschaltung handelt, erfolgt

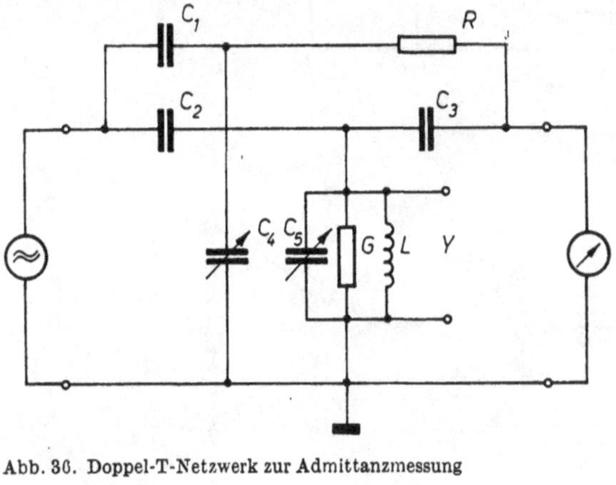

Abb. 36. Doppel-T-Netzwerk zur Admittanzmessung

die Messung in der gleichen Weise wie bei einer Wechselstrombrücke. Der Vorteil der Schaltung besteht darin, daß Meßgenerator, Indikator, Meßobjekt und die zum Abgleich verwendeten Drehkondensatoren einseitig an Masse liegen. Streu- und Erdkapazitäten der Meßanordnung lassen sich daher durch einen Nullabgleich erfassen. Außerdem kann man auf Übertrager zwischen dem Meßgerät und dem Generator bzw. Indikator verzichten.

Zur Erläuterung der Funktionsweise dieser Meßschaltung und zur Herleitung der Abgleichbedingung zeichnet man Abb. 36 um in die in Abb. 37a gezeigte Form. Durch eine Stern-Dreieck-Transformation läßt sich der Stern $\alpha\beta\gamma$ in ein äquivalentes Dreieck überführen (Abb. 37b).

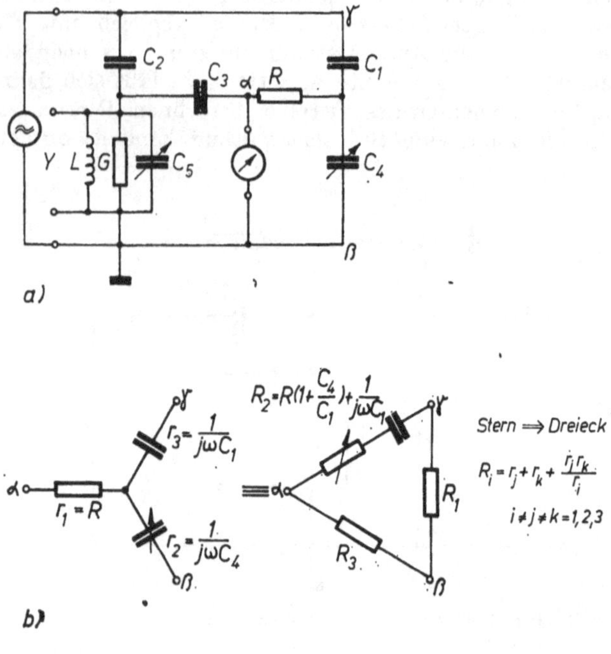

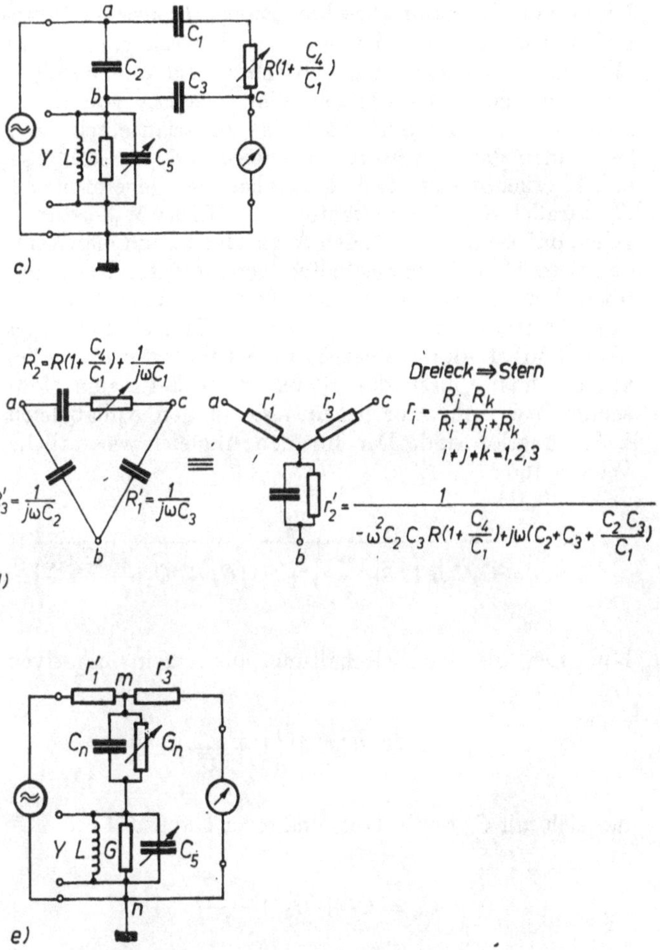

Abb. 37. Zur Ableitung der Abgleichbedingung im Doppel-T-Netzwerk
a) umgezeichneter Doppel-T-Vierpol
b) Transformation Stern $\alpha\beta\gamma \rightarrow$ Dreieck $\alpha\beta\gamma$
c) vereinfachte Schaltung
d) Transformation Dreieck abc → Stern abc
e) endgültige Schaltung zur Ableitung der Abgleichbedingung

Die diese Operation beschreibenden Transformationsgleichungen ergeben sich aus der Forderung, daß der Widerstand zwischen einer Klemme und der Parallelschaltung der beiden übrigen beim Übergang vom Stern zum Dreieck und umgekehrt eine Invariante sein soll. Setzt man das so gewonnene Dreieck $\alpha\beta\gamma$ in Abb. 37a ein, so erkennt man, daß R_1 parallel zum Generator und R_3 parallel zum Nullindikator liegt. Diese Widerstände gehen daher nicht mit in den Abgleich ein, und man kann zu der in Abb. 37c dargestellten, vereinfachten Schaltung übergehen. Durch eine weitere Transformation läßt sich nun der Stern abc in ein äquivalentes Dreieck umformen (Abb. 37d). Dadurch entsteht die Schaltung in Abb. 37e, aus der man abliest, daß r_1' und r_3' in Serie zum Meßsender bzw. Indikator liegen, also für den Nullabgleich bedeutungslos sind. Der für den Abgleich wesentliche Widerstand

$$r_2' = \frac{1}{-\omega^2 C_2 C_3 R \left(1 + \frac{C_4}{C_1}\right) + j\omega\left(C_2 + C_3 + \frac{C_2 C_3}{C_1}\right)}$$

läßt sich als Parallelschaltung aus einem negativen Leitwert

$$G_n = -\omega^2 C_2 C_3 R \left(1 + \frac{C_4}{C_1}\right),$$

der sich mit C_4 regeln läßt, und einer Kapazität

$$C_n = C_2 + C_3 + \frac{C_2 C_3}{C_1}$$

darstellen.

Für den Abgleich fordert man, daß die Gesamtimpedanz des zwischen den Punkten m und n angeschlossenen Netzwerkes verschwindet. Dann fällt die Klemmenspannung des Generators vollständig an r_1' ab, und der

Indikator zeigt keine Spannung an. Es muß also

$$\frac{1}{G_n + j\omega C_n} + \frac{1}{Y_x + G + j\omega C_5 + \frac{1}{j\omega L}} = 0$$

sein. Setzt man für die unbekannte Admittanz $Y_x = G_x + j\omega C_x$ ein, so findet man

$$\frac{G_x + G + G_n + j\left(\omega C_5 + \omega C_n + \omega C_x - \frac{1}{\omega L}\right)}{(G_n + j\omega C_n)\left(G_x + G + j\omega C_x + j\omega C_5 + \frac{1}{j\omega L}\right)} = 0.$$

Diese Gleichung ist erfüllt, wenn gleichzeitig Real- und Imaginärteil des Zählers verschwinden, wobei allerdings der Nenner ungleich Null sein muß. Man findet also als Abgleichbedingung

$$G_x + G - \omega^2 C_2 C_3 R\left(1 + \frac{C_4}{C_1}\right) = 0,$$

$$\omega\left(C_x + C_5 + C_2 + C_3 + \frac{C_2 C_3}{C_1}\right) - \frac{1}{\omega L} = 0.$$

Die eigentliche Messung erfolgt nach einem Differenz-Substitutionsverfahren. Dabei wird das Gerät zunächst ohne Meßobjekt abgeglichen. Mit den dabei an den veränderlichen Kapazitäten eingestellten Werten C_{40} und C_{50} gilt

$$G = \omega^2 C_2 C_3 R\left(1 + \frac{C_{40}}{C_1}\right),$$

$$0 = \omega\left(C_{50} + C_2 + C_3 + \frac{C_2 C_3}{C_1}\right) - \frac{1}{\omega L}.$$

Nach Anschluß des Meßobjektes $Y_x = G_x + j\omega C_x$ wird dessen kapazitiver Leitwert mit C_5 und der Verlustleitwert mit C_4 abgeglichen:

$$G_x = \omega^2 C_2 C_3 R \frac{C_4 - C_{40}}{C_1},$$

$$C_x = C_5 - C_{50}.$$

Die unbekannte Kapazität läßt sich also direkt an C_5 ablesen, während ihr Verlustleitwert aus dem Meßwert C_4 bestimmt wird. Für feste Frequenzen läßt sich C_4 unmittelbar in Leitwerten eichen.

Allerdings bleibt der Frequenzbereich, in dem mit solch einer Doppel-T-Meßschaltung bei genügend kleinen Fehlern gearbeitet werden kann, auf etwa 0,5 bis 30 MHz beschränkt. Man kann die Meßfrequenz nicht zu tief wählen, da dann die erforderlichen Kapazitätswerte der Meßkondensatoren und die Induktivität L zu groß werden. Bei hohen Frequenzen schließlich beeinflussen die Verluste der Meßkondensatoren und unvermeidbare Serieninduktivitäten in allen Zweigen der Meßschaltung das Ergebnis. Ein weiterer Nachteil ist, daß entsprechend dem Abgleichbereich der für den Nullabgleich verwendeten Drehkondensatoren der gesamte Frequenzbereich in Teilbereiche unterteilt werden muß, die durch Umschalten der Induktivität L und des Widerstandes R eingestellt werden.

3. DK-Messung im Resonanzschwingkreis

Die exakte Bestimmung der dielektrischen Eigenschaften hochwertiger Isoliermaterialien, die vor allem in der Übertragungstechnik Anwendung finden, hat zur Entwicklung spezieller Meßmethoden geführt, die die genaue Messung auch kleiner Verlustfaktoren in dem für die Anwendung interessierenden Frequenzband von 10 kHz bis über 100 MHz gestatten. Hinsichtlich des Frequenzbereiches überschneiden sich diese Methoden also teilweise mit den bereits besprochenen, wobei aber vor allem bei hohen Frequenzen und geringen Verlusten eine höhere Meßgenauigkeit erzielt werden kann. Die zu untersuchende Stoffprobe wird als Kapazität in einen Schwingkreis geschaltet, aus dessen Resonanzeigenschaften die elektrischen Ersatzgrößen des Probenkondensators bestimmt werden können [19].

Hinsichtlich der Meßgrößen und der Auswertung lassen sich zwei Verfahren unterscheiden. Bei der von Hartshorn und Ward [20] entwickelten Methode wird $\tan \delta_x$ aus der Form der Resonanzkurve ermittelt, während beim Gütefaktormesser-Verfahren die bei Resonanz im Serienschwingkreis auftretende Spannungsüberhöhung ein Maß für den Verlustfaktor ist. Wie sich zeigen wird, ergibt sich der Realteil der DK ε' bei beiden Verfahren auf die gleiche Weise.

3.1. *Die Bestimmung von ε' und $\tan \delta_x$ aus der Resonanzkurve*

Diese Methode wurde von Hartshorn und Ward bereits 1936 publiziert und ist inzwischen von verschiedenen Autoren [21, 22] den Erfordernissen der modernen Meßelektronik entsprechend weiterentwickelt worden. Die wesentlichen Bestandteile der Meßanordnung zeigt Abb. 38a. Der eigentliche Meßkreis besteht aus einer Induktivität L mit dem Verlustwiderstand R, einem Probenkondensator C_x, einem Drehkondensator C_a und dem Spannungsmesser. Der Leitwert G repräsentiert alle zwischen den Meßklemmen a und b wirksamen Verluste. Um Rückwirkungen auf den Generator ausschließen zu können, wird dieser nur lose an die Meßinduktivität L angekoppelt. Diese Kopplung ist rein induktiv, d. h., durch entsprechende Abschirmungen wird dafür gesorgt, daß die Meßwechselspannung allein über die Induktivität L in den Meßkreis eingespeist wird.

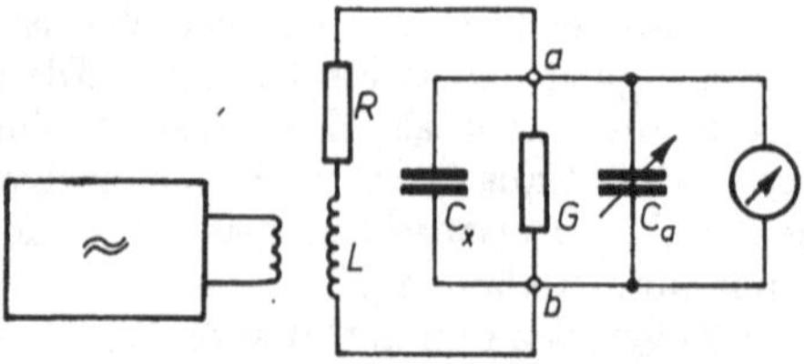

a)

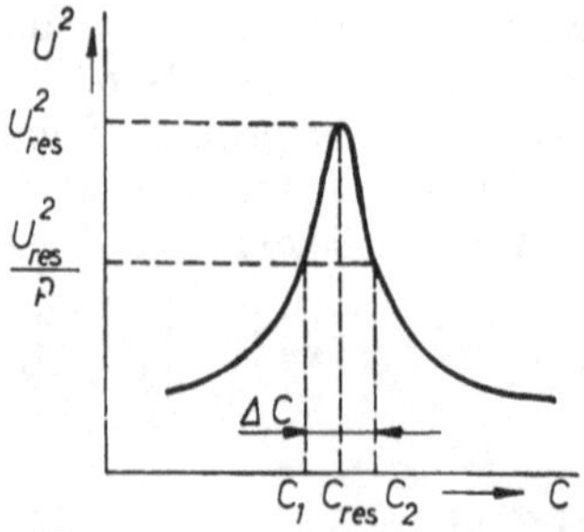

b)

Abb. 38. Methode von HARTSHORN und WARD
a) Meßanordnung (schematisch)
b) Resonanzkurve

3.1.1. *Theorie des Meßverfahrens*

Bei offenen Meßklemmen a und b wird in der Induktivität L eine Leerlaufspannung U_l induziert. Bezeichnen wir mit $C = C_x + C_a$ die Gesamtkapazität zwischen a und b, so fließt im Meßkreis ein Strom

$$I = \frac{U_l}{R + j\omega L + \frac{1}{G + j\omega C}},$$

und das Voltmeter zeigt eine Spannung

$$U = \frac{I}{G + j\omega C} = \frac{U_l}{R + j\omega L} \frac{1}{G + \frac{R}{Z_L{}^2} + j\omega\left(C - \frac{L}{Z_L{}^2}\right)}$$

an ($Z_L^2 = R^2 + \omega^2 L^2$). Der Meßkreis läßt sich mit C_a auf Resonanz abstimmen. Für $C_{res} = L/Z_L^2$ nimmt die angezeigte Spannung den Maximalwert U_{res} an, der sich im Verhältnis zu einer bei einer beliebigen Kapazität C gemessenen Spannung durch

$$\frac{U_{res}^2}{U^2} = p = \frac{\left(G + \frac{R}{Z_L^2}\right)^2 + \omega^2 \left(C - \frac{L}{Z_L^2}\right)^2}{\left(G + \frac{R}{Z_L^2}\right)^2}$$

oder durch

$$p - 1 = \omega^2 \frac{\left(C - \frac{L}{Z_L^2}\right)^2}{\left(G + \frac{R}{Z_L^2}\right)^2}$$

ausdrücken läßt. Zu einem bestimmten Wert von p gehören demnach zwei Werte der Gesamtkapazität,

$$C = \frac{L}{Z_L^2} \pm \frac{\left(G + \frac{R}{Z_L^2}\right)\sqrt{p-1}}{\omega} = C_{res} \pm \frac{G_{ges}}{\omega}\sqrt{p-1}, \tag{3.1}$$

die symmetrisch zur Resonanzkapazität liegen, wobei G_{ges} den totalen äquivalenten Leitwert des Meßkreises darstellt. Wenn C_1 und C_2 diese zum gleichen p-Wert gehörenden Kapazitäten sind (Abb. 38b), findet man aus Gleichung (3.1) durch Addition bzw. Subtraktion

$$C_{res} = \frac{C_1 + C_2}{2} \tag{3.2}$$

und

$$G_{ges} = \frac{\omega \Delta C}{2\sqrt{p-1}}. \tag{3.3}$$

Zur Bestimmung der dielektrischen Eigenschaften einer Stoffprobe sind zwei Messungen erforderlich. Zunächst werden C_{res}, U^2_{res} und ΔC bei einem bestimmten Wert p bestimmt, wenn der Stoffmeßkondensator die Probe enthält. Dann wird die Probe entfernt und der Plattenabstand des Stoffmeßkondensators so weit verringert, bis wieder Resonanz eintritt. Die Gesamtkapazität hat dann ebenfalls den Wert C_{res}, der Stoffmeßkondensator also die gleiche Kapazität C_x wie mit Probe, die sich demnach ohne weiteres aus seinen Abmessungen berechnen läßt. So ergibt sich schließlich ε' als Verhältnis der mit und ohne Probe eingestellten Plattenabstände des Stoffmeßkondensators:

$$\varepsilon' = \frac{d_x}{d_0}.$$

Der Gesamtleitwert muß aber bei der Messung ohne Probe gerade um deren Verlustleitwert geringer sein. Aus Gleichung (3.3) folgt demnach

$$G_x = \frac{\omega(\Delta C_x - \Delta C_0)}{2\sqrt{p-1}}$$

($\Delta C_x = C_2 - C_1$, gemessen mit Probe; $\Delta C_0 = C_{20} - C_{10}$, gemessen ohne Probe; beide Differenzen für gleichen p-Wert bestimmt). Der Verlustfaktor der Probe ist dann

$$\tan\delta_x = \frac{\Delta C_x - \Delta C_0}{2C_x\sqrt{p-1}}.$$

Das Voltmeter wird zweckmäßig in U^2-Werten oder direkt in p geeicht, wobei man im zweiten Fall U^2_{res} stets auf den gleichen Wert einregeln muß.

3.1.2. Der Einfluß der Zuleitungen

Bisher wurden, ausgehend von der in Abb. 38 gezeigten, vereinfachten Schaltung, keinerlei Näherungen gemacht, es wurden aber auch die tatsächlich im Meßkreis vorhandenen Streu- und Verlustimpedanzen vernachlässigt.

Die Zuleitungsimpedanz der Meßinduktivität kann als Serienimpedanz und demnach als in $R + j\omega L$ enthalten betrachtet werden. Sie bleibt also ohne Einfluß. Ebenso geht die Eingangsimpedanz des Spannungsmessers in die gemessenen Werte von C_{res} und G_{ges} ein, und auch die Impedanz seiner Zuleitungen bleibt ohne Einfluß auf das Meßergebnis, wenn sich innerhalb einer Messung die Empfindlichkeit nicht ändert, da nur Spannungsverhältnisse gemessen werden. Schließlich können alle auftretenden Kapazitäten als parallel zu den Meßklemmen geschaltet betrachtet werden, d. h., sie gehen einfach in den Meßwert C_{res} mit ein. Das Meßergebnis wird demnach nur von den Zuleitungen des Stoffmeßkondensators und des Abgleichkondensators beeinflußt. Zur Korrektur der Meßergebnisse müssen daher Gleichungen der in 2.1.4. angegebenen Form verwendet werden.

Nun kann man jedoch annehmen, daß sich diese Zuleitungsimpedanzen während einer Messung nicht ändern, insbesondere wenn nach Entfernen der Probe der Meßkreis allein durch Verkleinern des Plattenabstandes im Stoffmeßkondensator wieder in Resonanz gebracht wird. Es gilt also nach wie vor

$$\varepsilon_0 \frac{A}{d_0} = \varepsilon_0 \varepsilon' \frac{A}{d_x},$$

d. h., C_x läßt sich aus einfachen, geometrischen Größen ohne Korrektur berechnen, wenn man von einer Berücksichtigung des Randfeldes absieht. Eine Korrektur des Zuleitungseinflusses ist demnach nur bei der Bestimmung des Verlustleitwertes erforderlich.

3.2. DK-*Messung mit dem Gütefaktormesser*

3.2.1. *Verlustfaktor und Güte*

Genau wie bei einer Kapazität kann man auch bei einer Induktivität die Verluste mittels einer Serien- oder einer Parallelersatzschaltung beschreiben [23]. Und auch bei einer Induktivität gibt man die Größe der Verluste durch einen Verlustfaktor $\tan \delta_L$ an.

Bei geringen Verlusten ($\tan \delta \ll 1$) hat sowohl bei der Kapazität als auch bei der Induktivität die Blindkomponente in der Serienschaltung nahezu den gleichen Wert wie in der Parallelersatzschaltung. Für die Verlustfaktoren gilt dann mit ausreichender Näherung

$$\tan \delta_C = R_C \omega C = \frac{G_C}{\omega C},$$

$$\tan \delta_L = \frac{R_L}{\omega L} = G_L \omega L.$$

Häufig benutzt man zur Charakterisierung eines Bauelementes nicht den Verlustfaktor, sondern dessen Kehrwert $Q = 1/\tan \delta$, den man mit Güte bezeichnet.

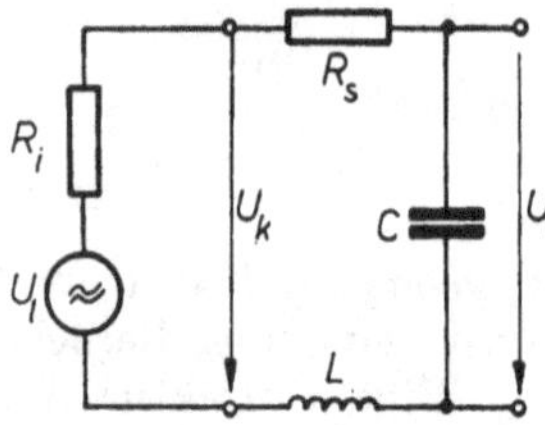

Abb. 39. Serienschwingkreis mit Spannungsquelle

Denkt man sich nun unter Verwendung der Serienersatzschaltungen eine Induktivität und eine Kapazität zu einem Serienschwingkreis zusammengeschaltet, so addieren sich die einzelnen Verlustwiderstände R_C und R_L zum Gesamtverlustwiderstand R_s dieses Schwingkreises (Abb. 39) und, wie sich daraus leicht ableiten läßt, die einzelnen Verlustfaktoren der Bauelemente zum Verlustfaktor des Schwingkreises:

$$d = \tan \delta_L + \tan \delta_C.$$

Führt man die Resonanzfrequenz $\omega_0 = 1/\sqrt{LC}$ ein, wobei man voraussetzt, daß die Verluste so gering sind, daß sie auf die Größe der Resonanzfrequenz ω_0 keinen Einfluß haben, folgt für die unmittelbare Umgebung von ω_0

$$d = R_s \cdot \sqrt{\frac{C}{L}}$$

und daraus

$$Q = \frac{1}{d} = \frac{1}{R_s} \sqrt{\frac{L}{C}}.$$

Im Resonanzfall bestimmt, da induktiver und kapazitiver Blindwiderstand einander entgegengesetzt gleich sind, allein der Verlustwiderstand R_s den Strom durch den Schwingkreis. Es ist

$$I_0 = \frac{U_{k0}}{R_s}$$

(I_0 Resonanzstrom, U_{k0} Klemmenspannung im Resonanzfall). Die Spannung am Kondensator ist dann

$$U_{C0} = \frac{I_0}{\omega_0 C} = \frac{U_{k0}}{R_s \omega_0 C} = Q \cdot U_{k0}.$$

Demnach läßt sich die Gütemessung auf eine Wechselspannungsmessung zurückführen.

3.2.2. *Gütefaktormesser*

In seiner Grundfunktion gestattet ein Gütefaktormesser die Bestimmung von Resonanzfrequenz und Güte eines Serienschwingkreises. Das prinzipielle Blockschaltbild eines solchen Gerätes zeigt Abb. 40a. Die Spannung des durchstimmbaren HF-Generators wird einem Teiler zugeführt, der den Generator und die nachfolgende eigentliche Meßschaltung voneinander entkoppelt. Eine Eich- und Regelschaltung sorgt für eine konstante Amplitude der Teiler-Ausgangsspannung und damit der Klemmen-

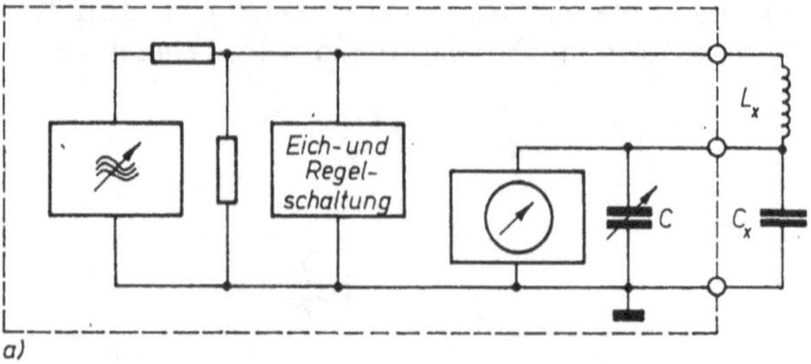

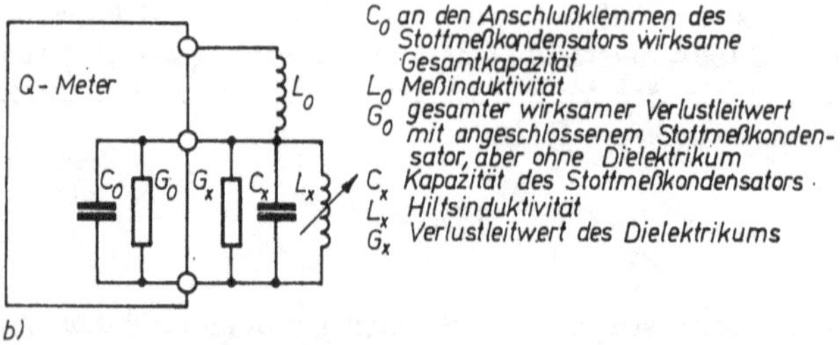

Abb. 40. a) schematisches Blockschaltbild eines Gütefaktormessers
b) zur DK-Messung mit Stoffmeßkondensator: Ersatzschaltbild der Meßschaltung

spannung am Serienschwingkreis. Die Spannung am Abstimmkondensator wird mit einem HF-Voltmeter gemessen. Dieses kann unmittelbar in Gütewerten geeicht werden, wenn man sich bei allen Messungen auf die gleiche Amplitude der Klemmenspannung bezieht. Durch die Verwendung von Meßinduktivitäten und einem Stoffmeßkondensator mit parallelgeschalteter Hilfsinduktivität läßt sich der Gütefaktormesser zum Meßplatz zur Bestimmung dielektrischer Stoffeigenschaften erweitern.

3.2.3. DK-*Messung mit Stoffmeßkondensator*

Zur DK-Messung wird dem Abstimmkondensator ein Stoffmeßkondensator gemeinsam mit einer veränderlichen Hilfsinduktivität parallelgeschaltet. Durch eine Meßinduktivität wird die ganze Schaltung zu einem Serienschwingkreis ergänzt (Abb. 40b). Dabei bestimmen L_0 und C_0 die Resonanzfrequenz ω_0 der Meßschaltung, da die Hilfsinduktivität so eingestellt wird, daß $1/\omega_0 L_x = \omega_0 C_x$ ist. Da diese beiden Blindleitwerte aber entgegengesetzte Vorzeichen haben, tritt diese Parallelschaltung von Hilfsinduktivität L_x und Stoffmeßkondensator C_x nur noch durch ihren resultierenden Verlustleitwert in Erscheinung. Enthält der Stoffmeßkondensator das zu untersuchende Dielektrikum, so mißt man eine Güte

$$Q_1 = \frac{\omega_0 C_0}{G_0 + G_x}.$$

Der Plattenabstand des Stoffmeßkondensators ist dabei gleich der Dicke d_x der dielektrischen Probe. Nach Entfernen der Probe wird der Plattenabstand so weit verringert, bis die gesamte Schaltung wieder in Resonanz ist. Der Stoffmeßkondensator hat dann wieder die Kapazität C_x, aber einen kleineren Plattenabstand d_0, und man mißt eine Güte

$$Q_0 = \frac{\omega_0 C_0}{G_0}.$$

Damit ergibt sich für den Verlustfaktor des Dielektrikums

$$\tan \delta_x = \frac{G_x}{\omega_0 C_x} = \frac{C_0}{C_x} \frac{Q_0 - Q_1}{Q_0 Q_1}$$

und für den Realteil der DK wie beim Verfahren nach Hartshorn und Ward $\varepsilon' = d_x/d_0$.

Das Meßverfahren läßt sich noch weiter vereinfachen, wenn man zu einer Substitutionsmethode übergeht. Dabei wird zunächst der das Meßobjekt, z. B. den Stoffmeßkondensator mit Probe, enthaltende Schwingkreis in Resonanz erregt. Um nach Entfernen der Probe die gleiche Resonanzfrequenz und Güte zu erhalten, muß man dem Schwingkreis genau die der Probe entsprechende Kapazität C_x und ihren Verlustleitwert G_x zuführen. Das erfolgt mittels im Meßgerät eingebauter, geeichter Kondensatoren und Widerstände, an denen man dann C_x und G_x unmittelbar ablesen kann.

3.2.4. *Koaxiale Probenleitungen*

Die üblichen Stoffmeßkondensatoren eignen sich sehr gut zur Messung der dielektrischen Eigenschaften gebräuchlicher Isolierstoffe bei Raumtemperatur, da sie leicht zu handhaben sind und für reproduzierbare Meßbedingungen sorgen. Sie lassen sich jedoch meist nicht temperieren, und man braucht i. allg. ziemlich große Proben, nämlich kreisrunde Scheiben von einer Dicke bis zu einigen Millimetern und mit einem Durchmesser von einigen Zentimetern. Viele Untersuchungen haben aber gerade die Messung der DK als Funktion der Temperatur zum Ziel, und häufig stehen nur Proben geringer Abmessungen zur Verfügung. Dann müssen Stoffmeßkondensatoren verwendet werden, die konstruktiv der speziellen Meßaufgabe angepaßt und meist über eine längere Leitung mit dem Gütefaktormesser verbunden sind. Bei Frequenzen oberhalb 30 bis 40 MHz beeinflußt aber vor allem die Induktivität L_l der Verbindungsleitung das Meßergebnis, und es müssen Korrekturen vorgenommen werden, um aus den unmittelbar gemessenen Werten C^* und Q^* Kapazität C_x und Güte Q_x der Probe zu berechnen.

Nach Hatta [24] folgt aus der Betrachtung einer Ersatzschaltung, die die Serieninduktivität L_l der Verbindungsleitung berücksichtigt, in ähnlicher Weise wie in Abschnitt 2.1.4.

$$C^* = \frac{C_x}{1 - \omega^2 L_l C_x} \left[1 - \frac{1}{Q_x^2} \frac{\omega^2 L_l C_x}{(1 - \omega^2 L_l C_x)^2} + \cdots \right],$$

$$Q^* = Q_x (1 - \omega^2 L_l C_x) \left[1 - \frac{1}{Q_x^2} \frac{\omega^2 L_l C_x}{(1 - \omega^2 L_l C_x)} \right].$$

Diese Korrekturen vereinfachen sich bei Proben hoher Güte, werden aber bei Proben geringer Güte und großer Kapazität umständlich und ungenau.

Stern und Lurio [25] beschreiben eine Meßmethode, bei der ein koaxialer Probenhalter mit definiertem Wellenwiderstand Z_0 verwendet wird (Abb. 41). Die Probe befindet sich dabei zwischen dem Innenleiter und einem Kurzschlußstempel und bildet die Abschlußadmittanz Y_a der Koaxialleitung. Dabei kann in dem mit Gütefaktormessern erfaßbaren Frequenzbereich, in dem

Abb. 41. Koaxiale Probenleitung (schematisch)

die Probenabmessungen meist noch klein gegenüber der Wellenlänge der entsprechenden elektromagnetischen Welle sind, die Probe einfach als verlustbehaftete Kapazität betrachtet werden. Nach der Leitungstheorie (s. dazu Kap. 4) hat diese Koaxialleitung dann eine Eingangsadmittanz Y_e, die mit der Abschlußadmittanz Y_a über die Beziehung

$$Y_a = Y_0 \frac{Y_e - jY_0 \tan(\beta l)}{Y_0 - jY_e \tan(\beta l)}$$

($Y_0 = 1/Z_0$ charakteristische Admittanz der Leitung, l Länge der Koaxialleitung, $\beta = 2\pi/\lambda$ Phasenkonstante einer elektromagnetischen Welle mit der Wellenlänge λ) zusammenhängt.

Im ersten Schritt der Messung wird die an den Meßklemmen des Gütefaktormessers wirksame Kapazität C_0 bestimmt. Dann wird die koaxiale Probenleitung angeschlossen und deren Leerkapazität C_1 und Leergüte Q_1 gemessen, wobei der Luftspalt zwischen Innenleiter und Kurzschlußstempel gleich der Probendicke d_x ist. Schließlich ermittelt man Kapazität C_2 und Güte Q_2 der Probenleitung mit Probe. Aus diesen Meßwerten ergibt sich dann die Eingangsadmittanz der Probenleitung

$$\begin{aligned} Y_e &= G_e + j\omega C_e \\ &= \omega C_0 \frac{Q_1 - Q_2}{Q_1 Q_2} + j\omega(C_2 - C_1). \end{aligned}$$

Die gleichen koaxialen Stoffmeßleitungen können auch bei Leitungsmessungen benutzt werden. Wir werden daher im folgenden Kapitel noch einmal auf sie zurückkommen, wobei nicht mehr angenommen werden muß, daß die Abmessungen der Probe klein gegenüber der Wellenlänge sind. Unter bestimmten geometrischen Voraussetzungen kann man auch dann noch Beziehungen zwischen den gemessenen Admittanzen und den gesuchten Stoffkonstanten herleiten. In diesem Zusammenhang wird schließlich auch auf einige konstruktive Einzelheiten eingegangen.

4. DK-Messung mittels elektromagnetischer Wellen

Bei Frequenzen oberhalb 10^8 Hz werden die Abmessungen der Meßanordnungen und teilweise auch die der Probe vergleichbar oder sogar größer als die Wellenlänge der entsprechenden elektromagnetischen Wellen. Die Momentanwerte von Stromstärke und Spannung sind also in der Apparatur nicht mehr ortsunabhängig, und man kann daher auch nicht mehr die bisher beschriebenen Meßmethoden verwenden, die ja gerade quasistationäre

Verhältnisse im Meßkreis voraussetzen. Vielmehr untersucht man die Ausbreitung elektromagnetischer Wellen im Stoff oder ihr Verhalten an der Grenzfläche Stoff/Luft (s. auch Abb. 1 und Abschn. 1.3.). Dabei lassen sich drei grundsätzliche Verfahren unterscheiden [26]:

1. Der Probenvierpol wird am Ausgang mit einer definierten Impedanz Z_a abgeschlossen. Aus der Messung seiner Eingangsimpedanz Z_e lassen sich seine Übertragungseigenschaften bestimmen, die außer von geometrischen Größen von den elektromagnetischen Stoffkonstanten des Probenmaterials abhängen. Die Messung von Z_e erfolgt über die Bestimmung des komplexen Reflexionsfaktors.
2. Die Übertragungseigenschaften werden über die Messung des komplexen Transmissionsfaktors des Probenvierpoles bestimmt.
3. Die Probe befindet sich in einem Hohlraumresonator oder wird selbst als elektromagnetischer Resonator benutzt. Aus den Resonanzeigenschaften — Resonanzfrequenz und Güte — können die elektromagnetischen Stoffkennwerte ermittelt werden.

Die ersten beiden Verfahren lassen sich sowohl im freien Raum als auch in Wellenleitern anwenden. Die Auswahl der speziellen Meßmethode wird durch Art, Form und Größe der zu untersuchenden Probe, durch den Frequenzbereich und durch experimentelle Nebenbedingungen bestimmt.

In den folgenden Abschnitten soll auf die wichtigsten Mikrowellen-Meßverfahren und ihre Auswertemethoden eingegangen werden. Dabei stehen die Meßmethoden unter Verwendung von Leitungswellen im Vordergrund, während auf eine Beschreibung der Freiraum-Meßverfahren, die die optischen Methoden mit einschließen müßte, im Rahmen dieser Darstellung verzichtet werden muß.

4.1. Vorgänge auf Leitungen

Zum besseren Verständnis der zu behandelnden Meß- und Auswerteverfahren sollen zunächst einige Grundlagen der Leitungstheorie kurz dargestellt werden. Dabei wird jedoch nicht die allgemeine MAXWELLsche Theorie entwickelt, sondern das einfache Beispiel der homogenen Doppelleitung verwendet, das bereits die für uns wesentlichen Aussagen abzuleiten gestattet ([23, 27, 28], ausführlich bei [29]).

4.1.1. Leitungsgleichungen und Wellenwiderstand

Wir betrachten eine unendlich lange Doppelleitung (LECHER-Leitung), deren physikalische und geometrische Eigenschaften über die gesamte Länge konstant sind. Eine solche Leitung besitzt eine bestimmte Serienimpedanz Z', die durch den Widerstand R' und die Induktivität L' der Leitungsadern bestimmt ist, und eine Paralleladmittanz Y', die von der Kapazität C' und dem Querleitwert G' zwischen den Leitungsdrähten abhängt. Dabei werden alle diese Größen üblicherweise auf die Längeneinheit bezogen (gekennzeichnet durch Strich). Legt man an den Eingang dieser Leitung eine Wechselspannung, so fließt in sie ein Wechselstrom hinein. Längs eines Leitungsstückes Δx tritt dann ein Spannungsabfall

$$\Delta U = -I \cdot Z' \cdot \Delta x$$

auf, und es fließt ein Verluststrom

$$\Delta I = -U \cdot Y' \cdot \Delta x.$$

Für $\Delta x \to 0$ erhält man daraus die sogenannten Leitungsgleichungen

$$\frac{\mathrm{d}U}{\mathrm{d}x} = -I \cdot Z', \tag{4.1}$$

$$\frac{\mathrm{d}I}{\mathrm{d}x} = -U \cdot Y', \tag{4.2}$$

die alle elektromagnetischen Erscheinungen auf homogenen Leitungen beschreiben, also keineswegs mehr allein auf die LECHER-Leitung beschränkt sind.

Durch nochmaliges Differenzieren und Einsetzen in die Ausgangsgleichungen (4.1), (4.2) erhält man

$$\frac{d^2U}{dx^2} = Z' \cdot Y' \cdot U, \tag{4.3}$$

$$\frac{d^2I}{dx^2} = Z' \cdot Y' \cdot I. \tag{4.4}$$

Die allgemeinen Lösungen dieser Differentialgleichungen haben die Form

$$U = u \cdot e^{-\gamma x} + u^* \cdot e^{\gamma x}, \tag{4.5}$$

$$I = i \cdot e^{-\gamma x} + i^* \cdot e^{\gamma x} \tag{4.6}$$

mit $\gamma^2 = Z'Y'$. Andererseits findet man aber, wenn man die Lösung (4.5) in Gl. (4.1) einsetzt,

$$I = \frac{\gamma}{Z'}(u \cdot e^{-\gamma x} - u^* \cdot e^{\gamma x}). \tag{4.6'}$$

Durch Koeffizientenvergleich in den Gleichungen (4.6) und (4.6′) ergibt sich

$$\frac{u}{i} = -\frac{u^*}{i^*} = \sqrt{\frac{Z'}{Y'}} = Z_0.$$

Diese ortsunabhängige, konstante Größe Z_0, die sich an einer beliebigen Stelle x der Leitung als Quotient von Spannung und Stromstärke darstellen läßt, heißt Wellenwiderstand oder charakteristische Impedanz. Allgemein gilt

$$Z_0 = \sqrt{\frac{R' + j\omega L'}{G' + j\omega C'}},$$

für eine Leitung mit vernachlässigbaren Verlusten, d. h. bei $R' \approx 0$, $G' \approx 0$ dagegen einfach $Z_0 = \sqrt{L'/C'}$.

Da i. allg. sowohl Z' als auch Y' komplexe Größen sind, wird neben Z_0 auch die Ausbreitungskonstante $\gamma = \sqrt{Z'Y'}$ komplex sein. Man schreibt daher $\gamma = \alpha + j\beta$.

Nimmt man die Eingangsspannung der Leitung als harmonische Wechselspannung an, kann man Gl. (4.5) in der Form

$$U = \hat{u} \cdot \exp\left[-\alpha x + j(\omega t - \beta x)\right] + \hat{u}^* \cdot \exp\left[\alpha x + j(\omega t + \beta x)\right] \tag{4.5'}$$

schreiben. Dieser Ausdruck stellt zwei gedämpfte Wellen dar, die sich längs der Leitung in entgegengesetzter Richtung ausbreiten, wobei der erste Summand eine in positiver x-Richtung, der zweite eine in negativer x-Richtung fortschreitende Welle beschreibt. α heißt Dämpfungskonstante und $\beta = 2\pi/\lambda$ Phasenkonstante der Welle mit der Wellenlänge λ. Aus dem Argument der Wellenfunktion läßt sich mit der Bedingung

$$\omega(t + \Delta t) - \beta(x + \Delta x) = \omega t - \beta x$$

die Phasengeschwindigkeit v_p der Welle zu

$$v_p = \frac{\Delta x}{\Delta t} = \frac{\omega}{\beta} = \frac{\lambda}{T}$$

bestimmen.

4.1.2. *Reflexionsfaktor*

Eine Leitung der Länge l sei an ihrem Ende mit der Impedanz Z_a abgeschlossen. Wird an den Eingang dieser Leitung eine Spannung gelegt, so läuft eine Spannungswelle in die Leitung hinein, die an ihrem Ende teilweise reflektiert wird. Kennzeichnet man die Amplituden am Eingang mit dem Index 1 und am Ausgang mit dem Index 2, kann man für die Spannung an der Abschlußimpedanz

$$U_a = u_1 e^{-\gamma l} + u_1^* e^{\gamma l} = u_2 + u_2^*$$

und für den Strom über Z_a

$$I_a = i_1 e^{-\gamma l} + i_1^* e^{\gamma l} = i_2 + i_2^*$$

schreiben. Daraus folgt

$$u_2 = U_a - u_2^*, \qquad (4.7)$$

$$i_2 = I_a - i_2^*. \qquad (4.8)$$

Erweitert man Gl. (4.8) mit Z_0, erhält man daraus und aus Gl. (4.7)

$$u_2 = \frac{U_a + I_a Z_0}{2}, \qquad (4.9)$$

$$u_2^* = \frac{U_a - I_a Z_0}{2}. \qquad (4.9')$$

Wenn man den Reflexionsfaktor als Verhältnis der reflektierten und der einfallenden Spannungswelle am Leitungsende definiert und berücksichtigt, daß $U_a/I_a = Z_a$ sein muß, ergibt sich aus (4.9) und (4.9')

$$\varrho = \frac{Z_a - Z_0}{Z_a + Z_0} = |\varrho|\, e^{j\varphi}. \qquad (4.10)$$

4.1.3. Stehwellenverhältnis

Bei Vernachlässigung der Dämpfung ($\alpha \approx 0$) kann man für die Spannung U an einer Stelle x der Leitung statt Gl. (4.5') einfach

$$U = \hat{u} \cdot e^{j(\omega t - \beta x)} + \hat{u}^* \cdot e^{j(\omega t + \beta x)} \qquad (4.11)$$

schreiben. Die Gesamtspannung setzt sich also aus einer hinlaufenden und einer reflektierten, ungedämpften Welle zusammen. Unter Verwendung der EULERschen Gleichungen läßt sich Gl. (4.11) umformen in

$$U = [(\hat{u}^* + \hat{u}) \cos \beta x + j(\hat{u}^* - \hat{u}) \sin \beta x] \cdot e^{j\omega t}. \qquad (4.11')$$

Die Amplitude $\hat{U}$ der Spannung U an einer Stelle x wird durch den Betrag des zeitunabhängigen Anteiles von

Gl. (4.11') dargestellt:

$$\hat{U} = \sqrt{(\hat{u}^* + \hat{u})^2 \cos^2 \beta x + (\hat{u}^* - \hat{u})^2 \sin^2 \beta x},$$
$$\hat{U} = \sqrt{\hat{u}^{*2} + \hat{u}^2 + 2\hat{u}\hat{u}^* \cos 2\beta x}.$$

Man erkennt, daß $\hat{U}$ für $\cos 2\beta x = \pm 1$, d. h. mit einer örtlichen Periodizität von $\lambda/2$, Extremwerte annimmt. Es entsteht eine stehende Welle mit

$$\hat{U}_{\max} = \hat{u} + \hat{u}^*,$$
$$\hat{U}_{\min} = \hat{u} - \hat{u}^*.$$

Den Quotienten dieser Extremwerte nennt man Welligkeitsfaktor oder Stehwellenverhältnis (engl. VSWR = voltage standing wave ratio):

$$s = \frac{\hat{U}_{\max}}{\hat{U}_{\min}} = \frac{\hat{u} + \hat{u}^*}{\hat{u} - \hat{u}^*}.$$

Häufig wird in der Literatur anstelle des Stehwellenverhältnisses der Kehrwert $m = 1/s$ verwendet, den man auch als Anpassungsfaktor bezeichnet. Da die Dämpfung vernachlässigt wurde — diese Annahme ist bei den üblichen Laboranordnungen meist wegen der relativ kurzen Leitungen bei vertretbarem Fehler erlaubt — läßt sich aus den Amplituden der hinlaufenden und der reflektierten Welle an einer beliebigen Stelle der Leitung auf den Betrag des Reflexionsfaktors schließen. Mit $|\varrho| = \hat{u}^*/\hat{u}$ findet man

$$s = \frac{1 + |\varrho|}{1 - |\varrho|}, \tag{4.12}$$

$$|\varrho| = \frac{s - 1}{s + 1}. \tag{4.12'}$$

Der Phasenwinkel des Reflexionsfaktors läßt sich aus dem Abstand eines Minimums der stehenden Welle vom Leitungsabschluß bestimmen. Ist $l_{\min}$ der Abstand dieses

Minimums von der Ebene der Abschlußimpedanz, so ist

$$\varphi = 2\beta\left(l_{\min} - k\frac{\lambda}{2}\right) - \pi, \quad k = 0, 1, 2, \ldots,$$

wobei k so zu wählen ist, daß $-\pi \leqq \varphi \leqq \pi$ ist.

4.1.4. *Impedanztransformation*

Die Eingangsimpedanz Z_e einer Leitung läßt sich durch

$$Z_e = \frac{U_e}{I_e} = \frac{u_1 + u_1^*}{i_1 + i_1^*}$$

ausdrücken. Bei einer Leitung endlicher Länge wird die reflektierte Welle am Eingang vom Abschluß am Leitungsende abhängen. Allgemein gilt daher

$$u_1 e^{-\gamma l} = u_2$$
$$u_1^* e^{\gamma l} = u_2^* = \varrho u_2 = \varrho u_1 e^{-\gamma l}$$

und

$$i_1 e^{-\gamma l} = i_2$$
$$i_1^* e^{\gamma l} = i_2^* = -\varrho i_2 = -\varrho i_1 e^{-\gamma l}.$$

Damit folgt für die Eingangsimpedanz

$$Z_e = \frac{u_1}{i_1}\,\frac{1 + \varrho e^{-2\gamma l}}{1 - \varrho e^{-2\gamma l}} = Z_0\,\frac{e^{\gamma l} + \varrho e^{-\gamma l}}{e^{\gamma l} - \varrho e^{-\gamma l}}. \qquad (4.13)$$

Wie bereits oben gezeigt, wird aber der Reflexionsfaktor durch die Abschlußimpedanz bestimmt. Setzt man Gl. (4.10) in Gl. (4.13) ein, findet man

$$Z_e = Z_0\,\frac{Z_a + Z_0 \tanh \gamma l}{Z_0 + Z_a \tanh \gamma l}. \qquad (4.14a)$$

In gleicher Weise kann man die Abschlußimpedanz einer Leitung durch ihre Eingangsimpedanz ausdrücken. Durch

Umformen ergibt sich

$$Z_a = Z_0 \frac{Z_e - Z_0 \tanh \gamma l}{Z_0 - Z_e \tanh \gamma l}. \tag{4.14b}$$

Diese Gleichungen lassen sich vereinfachen, wenn man wieder die Dämpfung vernachlässigt, was unseren bereits weiter oben durchgeführten Überlegungen zufolge praktisch meist möglich ist. Mit $\alpha = 0$ wird die Ausbreitungskonstante rein imaginär: $\gamma = j\beta$. Damit ergibt sich jetzt für die Eingangsimpedanz der Leitung

$$Z_e = Z_0 \frac{Z_a + jZ_0 \tan \beta l}{Z_0 + jZ_a \tan \beta l}. \tag{4.14c}$$

Aus Gl. (4.14c) liest man ab, daß eine am Ausgang kurzgeschlossene ($Z_a = 0$) oder offene ($Z_a = \infty$), verlustlose Leitung am Eingang als reiner Blindwiderstand erscheint, dessen spezielle Eigenschaften von der Leitungslänge l abhängen. So ist z. B. bei kurzgeschlossenem Ausgang Z_e für $0 < l < \lambda/4$ induktiv und für $\lambda/4 < l < \lambda/2$ kapazitiv. Diese Eigenschaften wiederholen sich mit der Periode $\lambda/2$.

4.1.5. Smith-*Diagramm*

Die Auswertung von Gleichungen der Form (4.14) läßt sich mittels graphischer Methoden erheblich vereinfachen, wenn man keine zu hohen Ansprüche an die Genauigkeit stellt.

Wir gehen dazu zur Darstellung normierter Impedanzen über, wobei alle Werte auf die charakteristische Impedanz Z_0 der Leitung bezogen werden. Gl. (4.13) läßt sich dann in der Form

$$\bar{Z} = \frac{1 + \varrho^*}{1 - \varrho^*} \tag{4.15}$$

schreiben, wobei $\varrho^* = |\varrho| \, e^{j(\varphi - 2\beta l)}$ ist und die Dämpfung wieder vernachlässigt wurde. Gl. (4.15) bildet die rechtwinkligen Koordinaten $Z = R + jX$ auf die in Abb. 42 gezeigten Kreiskoordinaten des SMITH-Diagramms [30]

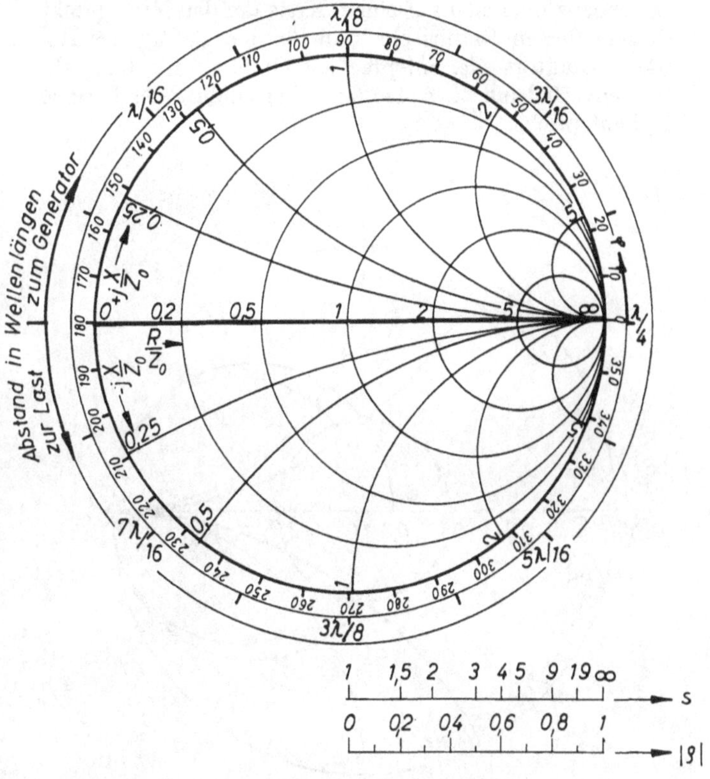

Abb. 42. SMITH-Diagramm

ab. Der Mittelpunkt dieses Kreisdiagramms entspricht dem Fall $\varrho = 0$, der beim Abschluß der Leitung mit ihrem Wellenwiderstand eintritt. Bei einer bestimmten Fehlanpassung bleibt der Betrag des Reflexionsfaktors konstant, die effektive Impedanz an einer Stelle x der Leitung hängt jedoch entsprechend Gl. (4.14c) mit einer Periodizität von $\lambda/2$ von der Leitungslänge zwischen der Meßebene und der Bezugsebene der Abschlußimpedanz ab. Im Kreisdiagramm werden die Werte der effektiven Impedanz demnach auf einem Kreis um den Mittelpunkt liegen, dessen Radius ein Maß für den Betrag des Reflexionsfaktors oder entsprechend Gl. (4.12) für das Stehwellenverhältnis ist, wobei ein voller Umlauf der Periode $\lambda/2$ entspricht.

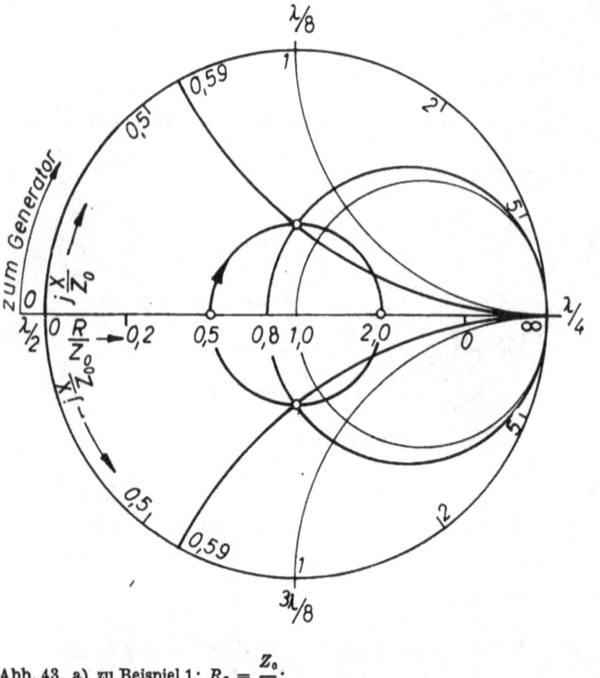

Abb. 43. a) zu Beispiel 1: $R_a = \frac{Z_0}{2}$;

Darstellung der effektiven Impedanz als Funktion des Abstandes vom Abschluß im SMITH-Diagramm

Zum besseren Verständnis soll der Gebrauch des SMITH-Diagramms an einigen einfachen Beispielen erläutert werden.

Beispiel 1: Es soll die effektive Impedanz auf einer Leitung angegeben werden, die mit einem Widerstand $R_a = Z_0/2$ abgeschlossen ist. Diese liegt auf einem Kreis mit dem Radius $r = \varrho$ um den Mittelpunkt des SMITH-Diagramms. Aus Abb. 43a liest man für die effektive Impedanz in Abhängigkeit vom Abstand zum Abschlußwiderstand die in Tab. 2 angegebenen Werte ab.

Tabelle 2

Zu Beispiel 1, Abb. 43a

Entfernung vom Abschluß	effektive Impedanz
0	$Z_0/2$
$\lambda/8$	$Z_0(0{,}8 + j \cdot 0{,}59)$
$\lambda/4$	$2Z_0$
$3\lambda/8$	$Z_0(0{,}8 - j \cdot 0{,}59)$
$\lambda/2$	$Z_0/2$

Beispiel 2: Aus dem gemessenen Stehwellenverhältnis $s = 4{,}0$ sollen die komplexe Abschlüßimpedanz Z_a sowie Betrag und Phasenwinkel des komplexen Reflexionsfaktors ϱ bestimmt werden. Das Minimum befindet sich im Abstand $l_{\min} = 6{,}875$ cm vom Abschluß, die Wellenlänge beträgt $\lambda = 10{,}0$ cm. Man findet Z_a auf einem Kreis mit dem Radius $r = s$ im Abstand $l_{\min} - \lambda/2$ vom Minimum in Richtung zur Last. Aus Abb. 43b liest man als Ergebnis

$$Z_a = Z_0(1{,}27 - j \cdot 1{,}63),$$
$$|\varrho| = 0{,}6,$$
$$\varphi = -45{,}0^\circ$$

ab.

Da sich für Admittanzen Beziehungen der gleichen Form ergeben, wie die für Impedanzen gültigen Gleichungen (4.14) — man findet nämlich

$$Y_e = Y_0 \frac{Y_a + jY_0 \tan \beta l}{Y_0 + jY_a \tan \beta l},$$

$$Y_a = Y_0 \frac{Y_e - jY_0 \tan \beta l}{Y_0 - jY_e \tan \beta l}.$$

— kann man das SMITH-Diagramm auch als Leitwertdiagramm deuten.

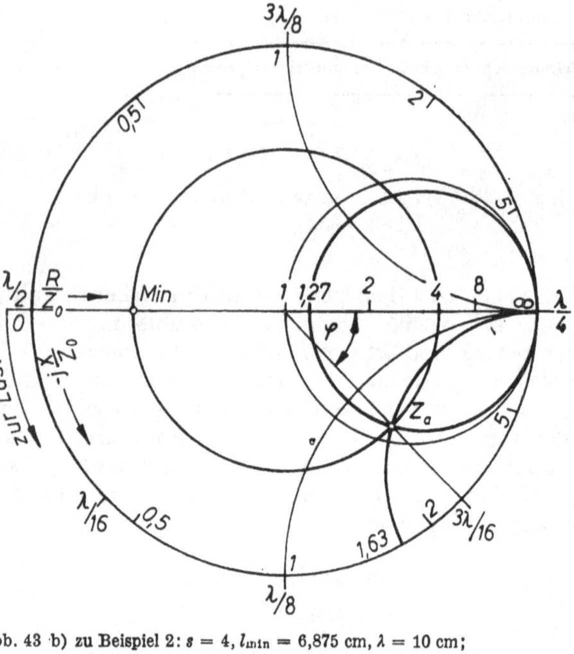

Abb. 43 b) zu Beispiel 2: $s = 4$, $l_{min} = 6{,}875$ cm, $\lambda = 10$ cm; die Bestimmung der Abschlußimpedanz und des komplexen Reflexionsfaktors aus dem SMITH-Diagramm

4.2. *Die Anwendung von Meßleitungen zur Bestimmung der* DK

Die homogene Leitung als Meßmittel zur Bestimmung elektromagnetischer Stoffkonstanten wurde bereits 1895 von P. DRUDE beschrieben [31]. In unseren Betrachtungen wollen wir uns auf die beiden meßtechnisch wichtigsten Leitungsquerschnitte und Wellentypen beschränken: die homogene Koaxialleitung mit der TEM-Welle und den rechteckigen Hohlleiter mit der H_{10}-Welle [32] (Abb. 44). Wenn auch Leitungs- und Feldgeometrie sowie Polarisationszustand voneinander stark abweichen und die Wellenwiderstände unterschiedlich definiert sind, lassen sich doch die Ausbreitungsvorgänge einheitlich darstellen, und unter Verwendung sogenannter bezogener Impedanzen bzw. Admittanzen erhält man für beide Fälle die gleichen Auswertebeziehungen. In den Rechnungen wird stets davon ausgegangen, daß sich nur die Grundwelle ausbreitet, obwohl grundsätzlich die Erregung von Wellentypen höherer Ordnung nicht ausgeschlossen werden kann. Diese Möglichkeit der Anregung von Moden höherer Ordnung muß durch einen entsprechend sorgfältigen Aufbau der Meßanordnung weitestgehend ausgeschaltet werden.

4.2.1. *Der Zusammenhang zwischen Stoffkonstanten und Leitungskennwerten*

Bei unseren vereinfachten Betrachtungen im Abschnitt 4.1. hatten sich Ausbreitungskonstante γ und Wellenwiderstand Z_0 als Funktion der elektrischen Kennwerte R', L', G' und C' der Leitung ergeben. Die allgemeine MAXWELLsche Theorie liefert dagegen diese Größen als Funktion geometrischer Leitungsparameter und der elektromagnetischen Stoffkennwerte des die Leitung ausfüllenden Materials. So ergibt sich [32, 32a] für die stofferfüllte, koaxiale TEM-Wellenleitung die Ausbreitungskonstante zu

$$\gamma_m = |\gamma_m|\, e^{j\psi} = \alpha_m + j\beta_m$$
$$= \frac{2\pi}{\lambda_0} \sqrt{|\varepsilon_r|\,|\mu_r|} \cdot e^{j\left(\frac{\pi}{2} - \frac{\delta_\varepsilon + \delta_\mu}{2}\right)},$$

und ihr Wellenwiderstand ist

$$Z_m = |Z_m|\, e^{j\zeta} = 60 \sqrt{\frac{|\mu_r|}{|\varepsilon_r|}} \ln \frac{D}{d}\, e^{-j\frac{\delta_\mu - \delta_\varepsilon}{2}}$$
$$= Z_0 \sqrt{\frac{|\mu_r|}{|\varepsilon_r|}}\, e^{-j\frac{\delta_\mu - \delta_\varepsilon}{2}}.$$

Entsprechend gilt für den stofferfüllten H_{10}-Hohlleiter

$$\gamma_m = j \frac{2\pi}{\lambda_0} \sqrt{\varepsilon_r \mu_r - \left(\frac{\lambda_0}{\lambda_g}\right)^2},$$

$$Z_m = 120\,\pi \frac{\mu_r}{\sqrt{\varepsilon_r \mu_r - \left(\frac{\lambda_0}{\lambda_g}\right)^2}} = Z_0 \mu_r \frac{\sqrt{1 - \left(\frac{\lambda_0}{\lambda_g}\right)^2}}{\sqrt{\varepsilon_r \mu_r - \left(\frac{\lambda_0}{\lambda_g}\right)^2}}$$

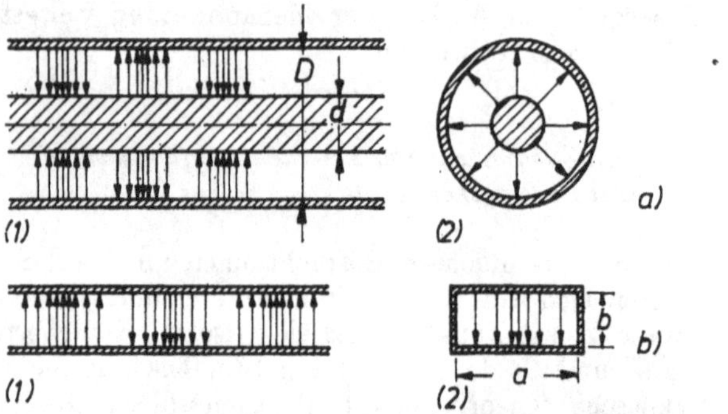

Abb. 44. Bevorzugte Wellentypen und Leitungsformen zur Stoffkonstantenmessung; schematische Darstellung des elektrischen Feldes,
(1) Längsschnitt, (2) Querschnitt.
a) Koaxialleitung, TEM-Welle
b) Rechteck-Hohlleiter, H_{10}-Welle

($\varepsilon_r = \varepsilon' - j\varepsilon'' = |\varepsilon_r|\, e^{-j\delta_\varepsilon}$ komplexe relative DK und $\mu_r = \mu' - j\mu'' = |\mu_r|\, e^{-j\delta_\mu}$ komplexe relative Permeabilität des Stoffes, λ_0 Wellenlänge im freien Raum, $\lambda_g = 2a$ Grenzwellenlänge des Wellenleiters; weitere Größen siehe Abb. 44). Sind γ_m und Z_m durch Messung bekannt, lassen sich daraus die Stoffkonstanten bestimmen. Für die TEM-Leitung findet man mit der auf die leere Leitung bezogenen charakteristischen Impedanz $z_m = Z_m/Z_0$

$$|\varepsilon_r| = \frac{\lambda_0}{2\pi} \frac{|\gamma_m|}{|z_m|}, \tag{4.16a}$$

$$|\mu_r| = \frac{\lambda_0}{2\pi} |\gamma_m|\, |z_m|, \tag{4.17a}$$

$$\delta_\varepsilon = \frac{\pi}{2} - \psi + \zeta, \tag{4.16b}$$

$$\delta_\mu = \frac{\pi}{2} - \psi - \zeta. \tag{4.17b}$$

Für den H_{10}-Hohlleiter müssen die beiden Gleichungen (4.16) durch

$$\varepsilon_r = -j \frac{\lambda_0}{2\pi} \frac{\gamma_m}{z_m} \sqrt{1 - \left(\frac{\lambda_0}{\lambda_g}\right)^2} + \frac{1}{\mu_r} \left(\frac{\lambda_0}{\lambda_g}\right)^2 \tag{4.18}$$

ersetzt werden. Man sieht, daß Gl. (4.18) für die TEM-Welle, d. h. für $\lambda_g \to \infty$ wieder in die beiden Gleichungen (4.16) übergeht.

4.2.2. *Impedanzmessung mit einer Meßleitung*

Eine Meßleitung ist eine längsgeschlitzte, homogene Leitung mit einer in dem Längsschlitz verschiebbaren, kapazitiven Sonde, die zur Messung der Spannungsverteilung längs der Leitung dient (Abb. 45). Dabei muß diese Sonde möglichst so lose angekoppelt sein, d. h. so gering in die Meßleitung eintauchen, daß sie keine spürbare Belastung der Meßanordnung darstellt, da sie sonst die Spannungsverteilung verfälschen würde. Die Sonde kann wahlweise an einen abgestimmten Diodenempfänger oder an einen selektiven Überlagerungsempfänger angeschlossen werden. Im ersten Fall muß man berücksichtigen, daß der Zusammenhang zwischen dem zur Anzeige gebrachten Richtstrom und der ausgekoppelten Spannung von der Diodenkennlinie abhängig ist; der angezeigte Wert ist also der Spannung auf der Meßleitung nicht direkt proportional. Daher muß die Anzeige vor der eigentlichen Messung geeicht werden. Dazu wird die Spannungsverteilung auf der am Ende kurzgeschlossenen Meßleitung bei verschiedenen Frequenzen und Amplituden der Eingangsspannung gemessen und mit der theoretischen verglichen [33].

Abb. 45. Geschlitzte Meßleitung (schematisch)

Schließt man an den Ausgang der Meßleitung eine unbekannte Impedanz Z_a an, lassen sich mittels der kapazitiven Sonde das Stehwellenverhältnis $s = \hat{U}_{max}/\hat{U}_{min}$ und der Abstand l_{min} des ersten Minimums vom Abschluß messen. Bei der Stoffkonstantenmessung stellt die Eingangsimpedanz Z_e des Probenvierpoles diese unbekannte Abschlußimpedanz der Meßleitung dar. Häufig tritt der Fall ein, daß die Sonde nicht so weit verschoben werden kann, daß man tatsächlich das erste Minimum ermittelt. Dann hat man von dem gemessenen Abstand so oft die halbe Wellenlänge zu subtrahieren, bis der Rest kleiner als $\lambda/2$ bleibt. Mit den so gewonnenen Meßwerten läßt sich der komplexe Reflexionsfaktor

$$\varrho = \frac{1-s}{1+s} e^{j4\pi \frac{l_{\min}}{\lambda_L}}$$

(λ_L Wellenlänge der Leitungswelle) angeben. Daraus gewinnt man die unbekannte Abschlußimpedanz Z_a der Meßleitung, die der gesuchten Eingangsimpedanz des Probenvierpoles entspricht, zu

$$Z_a = R_a + jX_a = |Z_a| e^{j\vartheta}$$
$$= Z_0 \frac{1 - js \cdot \tan\left(2\pi \frac{l_{\min}}{\lambda_L}\right)}{s - j \cdot \tan\left(2\pi \frac{l_{\min}}{\lambda_L}\right)} \tag{4.19}$$

mit

$$R_a = Z_0 s \frac{1 + \tan^2\left(2\pi \frac{l_{\min}}{\lambda_L}\right)}{s^2 + \tan^2\left(2\pi \frac{l_{\min}}{\lambda_L}\right)}, \tag{4.19a}$$

$$X_a = -Z_0 \tan\left(2\pi \frac{l_{\min}}{\lambda_L}\right) \frac{s^2 - 1}{s^2 + \tan^2\left(2\pi \frac{l_{\min}}{\lambda_L}\right)}$$

oder

$$|Z_a| = Z_0 \sqrt{\frac{1 + s^2 \tan^2\left(2\pi \frac{l_{\min}}{\lambda_L}\right)}{s^2 + \tan^2\left(2\pi \frac{l_{\min}}{\lambda_L}\right)}},$$

$$\tan\vartheta = -\tan\left(2\pi \frac{l_{\min}}{\lambda_L}\right) \frac{s^2 - 1}{s\left[1 + \tan^2\left(2\pi \frac{l_{\min}}{\lambda_L}\right)\right]}. \tag{4.19b}$$

Diese Messungen lassen sich mit guter Genauigkeit durchführen, wenn die Spannung $\hat{U}_{\min}$ im Knoten nicht zu gering wird. Kleine Meßwerte von $\hat{U}_{\min}$ sind aber mit einem großen Fehler behaftet, der unmittelbar in das Meßergebnis eingeht. In diesem Falle wendet man vorteilhaft das Knotenbreiteverfahren [33] an. Unter der Knotenbreite ΔL versteht man den Abstand der beiden Spannungswerte $\hat{U}_2 = \sqrt{2}\,\hat{U}_{\min}$ rechts und links vom Minimum. Nach Abschnitt 4.1.3. findet man für $\hat{U}_2$ aus Abb. 46

$$\hat{U}_2 = \hat{u}\sqrt{1 + |\varrho|^2 - 2|\varrho| \cos \beta \cdot \Delta L},$$

wobei

$$2\beta x = 2\beta l_{\min} + \beta \Delta L - \varphi = \pi - \beta \cdot \Delta L$$

gesetzt wurde. Mit $\hat{U}_{\min} = \hat{u}(1 - |\varrho|)$ folgt schließlich aus der Definition von $\hat{U}_2$ und mit Gl. (4.12)

$$s = \frac{\sqrt{1 + \sin^2 \dfrac{\pi \cdot \Delta L}{\lambda_L}}}{\sin \dfrac{\pi \cdot \Delta L}{\lambda_L}}. \tag{4.20}$$

Für $\Delta L \ll \lambda_L$ gilt als ausreichende Näherung $s \approx \dfrac{\lambda_L}{\pi \cdot \Delta L}$.

Oft läßt sich die Ebene der Abschlußimpedanz nicht eindeutig definieren und damit auch $l_{\min}$ nicht exakt bestimmen. Dann ist es vorteilhaft, zu einer Relativmessung überzugehen, wobei man die Verschiebung Δl des Minimums, das beim Abschluß mit der unbekannten Impedanz gemessen wird, gegenüber dem bei Kurzschluß ermittelten Ort des Minimums bestimmt [33]. Aus Abb. 46 liest man dann für $l_{\min}$

$$l_{\min} = \frac{\lambda_L}{2} - \Delta l$$

oder

$$l^*_{\min} = \frac{\lambda_L}{2} - (d_x + \Delta l^*)$$

ab, je nachdem man die Kurzschlußebene ohne Probe, die als Bezugsebene dient, mit der Probeneingangsfläche (Abb. 46a) oder der Probenausgangsfläche (Abb. 46b) zusammenfallen läßt. Entsprechend ist z. B. in Gl. (4.19) $\tan \beta l_{\min}$ durch $-\tan \beta \Delta l$ bzw. durch $-\tan \beta(d_x + \Delta l^*)$ zu ersetzen.

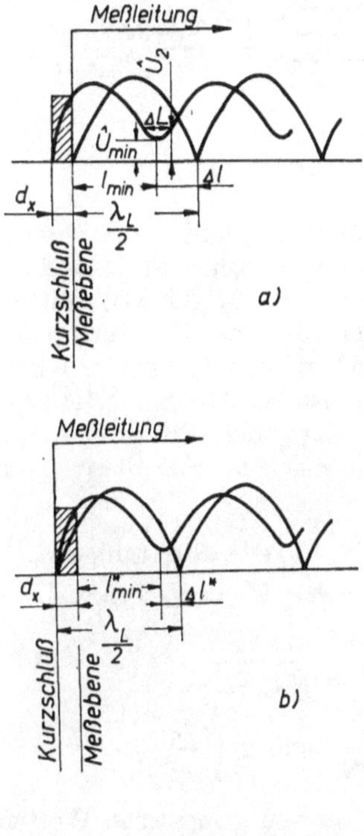

Abb. 46. Zur Messung von Z_a durch Bestimmung der Knotenbreite ΔL und der Knotenverschiebung Δl
a) Kurzschlußebene ohne Probe und Meßebene fallen zusammen
b) gleiche Kurzschlußebene mit und ohne Probe

4.2.3. *Das Leerlauf-Kurzschluß-Verfahren*

Wir betrachten eine stofferfüllte Leitung der Länge d_x als symmetrischen Vierpol. Die Begrenzungsflächen der Probe sollen planparallel sein und senkrecht zur Ausbreitungsrichtung der elektromagnetischen Wellen stehen, um Feldverzerrungen an der Grenzfläche zu vermeiden (Abb. 47). Eingangs- und Ausgangsimpedanz dieses Vierpoles hängen dann entsprechend Gl. (4.14a) zusammen. Wenn man also für zwei bekannte Ausgangsimpedanzen die Eingangsimpedanzen des Probenvierpoles mißt,

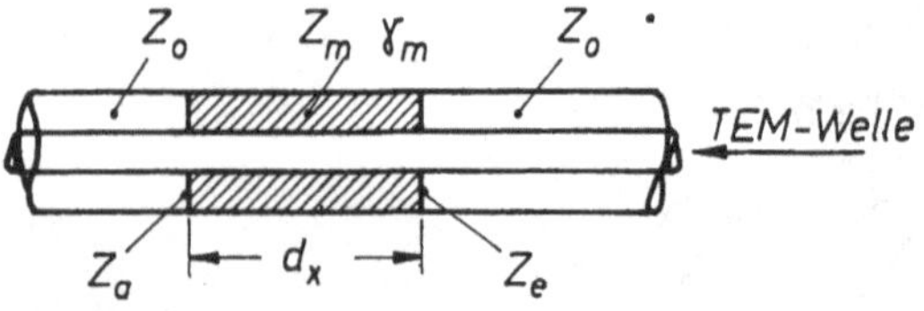

Abb. 47. Probenvierpol (schematisch)

lassen sich daraus die Unbekannten z_m und γ_m bestimmen, aus denen dann die elektromagnetischen Stoffkonstanten berechnet werden können (z. B. [32, 33, 34]). Mittels einer Reaktanzleitung — das ist eine dämpfungsarme Leitung, die mit einem meßbar verschiebbaren Kurzschlußschieber abgeschlossen ist (s. Abschn. 4.1.4.) — läßt sich die Abschlußimpedanz des Probenvierpoles gleich Null bzw. Unendlich machen. Für diese Fälle folgt aus Gl. (4.14a)

$$\text{Kurzschluß: } Z_a = 0, \quad z_K = |z_K|\, e^{j\vartheta_K} = z_m \tanh \gamma_m d_x,$$
$$\text{Leerlauf: } Z_a = \infty, \quad z_L = |z_L|\, e^{j\vartheta_L} = z_m \coth \gamma_m d_x$$

und daraus

$$z_m = |z_m|\, e^{j\zeta} = \sqrt{z_K \cdot z_L},$$
$$\gamma_m = |\gamma_m|\, e^{j\psi} = \frac{1}{d_x} \tanh^{-1} \sqrt{\frac{z_K}{z_L}}.$$

$|z_K|$, $|z_L|$, ϑ_K und ϑ_L werden aus den gemessenen Werten des Stehwellenverhältnisses und der Lage des Minimums im Leerlauffall (s_L, $l_{\min L}$) und im Kurzschlußfall (s_K, $l_{\min K}$) entsprechend Gl. (4.19) berechnet. Damit folgt

$$|z_m| = \sqrt{|z_K| \cdot |z_L|}, \quad \zeta = \frac{\vartheta_K + \vartheta_L}{2}.$$

Aus der komplexen Schreibweise $\gamma_m = \alpha_m + j\beta_m$ ergibt sich

$$|\gamma_m| = \sqrt{\alpha_m{}^2 + \beta_m{}^2}, \quad \tan\psi = \frac{\beta_m}{\alpha_m}.$$

Mit den Abkürzungen

$$p = \sqrt{\frac{|z_K|}{|z_L|}}, \quad q = \frac{\vartheta_K - \vartheta_L}{2},$$

die sich wieder aus den Meßwerten berechnen lassen, ergeben sich Dämpfungs- und Phasenkonstante zu [32]

$$\alpha_m = \frac{1}{2 \cdot d_x} \tanh^{-1}\left(\frac{2p\cos q}{1+p^2}\right) = \frac{1}{4 \cdot d_x} \ln\left(\frac{1+p^2+2p\cos q}{1+p^2-2p\cos q}\right),$$

$$\beta_m = \frac{1}{2 \cdot d_x} \arctan\left(\frac{2p\sin q}{1-p^2}\right) + k\pi \quad (k = 0, 1, 2, \ldots).$$

Die Berechnung der DK erfolgt dann schließlich nach Gl. (4.16) bzw. Gl. (4.18).

Man sieht, daß β_m zunächst noch vieldeutig ist. Das ist einleuchtend, da man bei unbekannten elektromagnetischen Eigenschaften keinen Anhalt dafür hat, wie groß die elektrische Länge des Probenvierpoles ist. Um darüber eine eindeutige Aussage zu gewinnen, muß man bei gleicher Frequenz zwei verschieden dicke Proben vermessen, wobei die Dicken so zu wählen sind, daß sie nicht in einem rationalen Verhältnis zueinander stehen. Die Vieldeutigkeit verschwindet sofort, wenn $\beta_m d_x < \pi$ ist. Hängen die elektromagnetischen Stoffkonstanten im Bereich der Meßfrequenz wenig oder nicht von dieser ab, läßt sich β_m eindeutig aus zwei Messungen mit um Δf voneinander abweichenden Frequenzen bestimmen.

Man findet nämlich, daß die Bedingung

$$\frac{\Delta\beta_m}{\beta_m} = \frac{\Delta f}{f}$$

nur für einen Wert von β_m erfüllt ist.

Beschränkt man sich auf unmagnetische Dielektrika ($\mu_r = 1$), läßt sich die Bestimmungsgleichung für die Ausbreitungskonstante γ_m, aus der sich schließlich die relative DK ε_r berechnen läßt, in geschlossener Form darstellen, wobei zur Auswertung eine Kurzschlußmessung ausreicht. Aus dieser ergibt sich nämlich

$$z_K = z_m \tanh \gamma_m d_x = \frac{1 - s \tanh \gamma_0 l_{\min}}{s - \tanh \gamma_0 l_{\min}}.$$

Da in diesem Falle ($\mu_r = 1$) $\gamma_0 Z_0 = \gamma_m Z_m$ ist (γ_0, Z_0 Ausbreitungskonstante und charakteristische Impedanz der lufterfüllten Leitung), folgt

$$\frac{\tanh \gamma_m d_x}{\gamma_m d_x} = \frac{1}{\gamma_0 d_x} \frac{1 - s \tanh \gamma_0 l_{\min}}{s - \tanh \gamma_0 l_{\min}}.$$

Die rechte Seite dieser Gleichung ist durch die Messung vollständig bestimmt. Diese transzendente Gleichung läßt sich graphisch oder unter bestimmten Voraussetzungen, besonders hinsichtlich der Dämpfung, durch vereinfachende Näherungen lösen (z. B. [28, 34]).

Bei unmagnetischen Proben läßt sich im Falle starker Dämpfung Messung und Auswertung weiter vereinfachen, wenn man die Probenlänge d_x so groß macht, daß die Abschlußimpedanz praktisch keinen Einfluß mehr auf die Eingangsimpedanz des Probenvierpoles hat. Es tritt dann eine reine Grenzflächenreflexion am Übergang Luft/Probe auf, und die gemessene Eingangsimpedanz ist gleich der charakteristischen Impedanz des Probenvierpoles. Für TEM-Wellen vereinfachen sich daher die

Auswertebeziehungen mit

$$\frac{Z_m}{Z_0} = \frac{1}{\sqrt{\varepsilon_r}} \quad \text{und} \quad \sqrt{\varepsilon_r} = \sqrt{|\varepsilon_r|}\, \mathrm{e}^{-j\delta_\varepsilon/2}$$

zu

$$|\varepsilon_r| = \frac{s^2 + \tan^2\left(2\pi \frac{l_{\min}}{\lambda}\right)}{1 + s^2 \tan^2\left(2\pi \frac{l_{\min}}{\lambda}\right)},$$

$$\delta_\varepsilon = 2 \arctan \left\{ -\tan\left(2\pi \frac{l_{\min}}{\lambda}\right) \frac{s^2 - 1}{s\left[1 + \tan^2\left(2\pi \frac{l_{\min}}{\lambda}\right)\right]} \right\},$$

wobei die Probe zur Messung am Ausgang kurzgeschlossen oder offen sein kann. Das gleiche Verfahren ist auch mit H_{10}-Wellen möglich. Zur Auswertung ergibt sich

$$\varepsilon_r = \frac{1}{z_m^2} \left(\frac{\lambda_0}{\lambda_L}\right)^2 + \left(\frac{\lambda_0}{\lambda_g}\right)^2$$

mit der Beziehung

$$\frac{1}{\lambda_L^2} = \frac{1}{\lambda_0^2} - \frac{1}{\lambda_g^2}$$

für die Leitungswellenlänge λ_L und dem Meßwert

$$z_m = z_e = \frac{1 - js \tan\left(2\pi \frac{l_{\min}}{\lambda_L}\right)}{s - j \tan\left(2\pi \frac{l_{\min}}{\lambda_L}\right)}.$$

Experimentell läßt sich reine Grenzflächenreflexion auch dadurch erreichen, daß das Probenende keilförmig ausläuft [35]. Vernachlässigt man schließlich noch die Probenverluste, so ergeben sich die weiter vereinfachten Beziehungen [36]

$$\varepsilon' = s^2$$

für die TEM-Welle und

$$\varepsilon' = s^2 \left(\frac{\lambda_0}{\lambda_L}\right)^2 + \left(\frac{\lambda_0}{\lambda_g}\right)^2$$

für die H_{10}-Welle. Dabei bleiben die systematischen Fehler unter 5%, wenn $\tan \delta_\varepsilon < 0{,}3$ ist.

4.2.4. *Messungen an dünnen Proben*

Meßverfahren und Auswertung lassen sich auch dann bedeutend vereinfachen, wenn die elektrische Länge der Probe so klein ist, daß man in guter Näherung den hyperbolischen Tangens in den Auswertegleichungen durch sein Argument ersetzen kann. Zur Bestimmung der DK reicht in diesem Falle eine einzige Leerlaufmessung aus. Diese liefert [32, 36a]

$$z_m = z_L \tanh \gamma_m d_x \approx z_L \gamma_m d_x,$$

und damit geht Gl. (4.18) über in

$$\varepsilon_r = -j \frac{\lambda_0}{2\pi} \frac{1}{d_x z_L} \sqrt{1 - \left(\frac{\lambda_0}{\lambda_g}\right)^2 + \frac{1}{\mu_r} \left(\frac{\lambda_0}{\lambda_g}\right)^2}.$$

Diese Gleichung läßt sich für unmagnetische Dielektrika weiter vereinfachen:

$$\varepsilon_r = \left(-j \frac{\lambda_L}{2\pi d_x z_L} - 1\right) \left(\frac{\lambda_0}{\lambda_L}\right)^2 + 1.$$

Noch einfacher wird die Auswertung, wenn man sich auf TEM-Wellen beschränkt, da dann $\lambda_L = \lambda_0$ ist. Mit

$$y_L = \frac{1}{z_L} = g_L + j b_L$$

ergibt sich schließlich

$$\varepsilon' = \frac{\lambda_0 b_L}{2\pi d_x}, \quad \varepsilon'' = \frac{\lambda_0 g_L}{2\pi d_x}.$$

Die Vorderflächenimpedanz der Probe mißt man dabei zweckmäßig über die Knotenbreite ΔL und die Knotenverschiebung Δl (Abb. 48), da sich bei dünnen Proben auch größere Werte von ε'' nur als relativ geringe Dämpfung auswirken werden (s. Abschn. 4.2.7.).

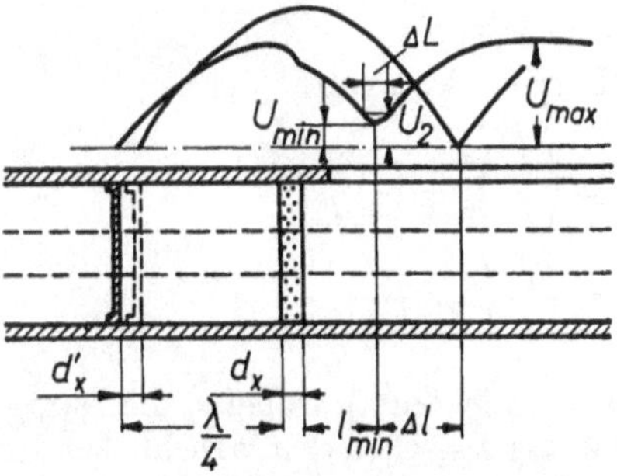

Abb. 48. Zur Messung an dünnen Proben

4.2.5. Stehwellenmessung innerhalb der Probenleitung

Eine ebenfalls recht einfache Messung und Auswertung ergibt sich, wenn man die stehende Welle durch Verschieben der Sonde unmittelbar im zu untersuchenden Medium abtastet [32, 36b]. Diese Methode ist besonders vorteilhaft für Messungen an Flüssigkeiten und Gasen, wobei die der Abgrenzung des Probenraumes dienende dielektrische Stütze das Meßergebnis nicht beeinflußt. Sie kann aber auch bei festen Proben, wenn auch mit einem systematischen Fehler, angewendet werden, wenn diese einen Nut haben, in dem die Sonde bewegt werden kann.

Als Beispiel soll der Fall betrachtet werden, daß die Welle im Probenmaterial nur wenig gedämpft wird. Während sich die Phasenkonstante $\beta_m = 2\pi/\lambda_m$ unabhängig von der Dämpfung direkt aus dem Knotenabstand der stehenden Welle, d. h. aus der Leitungswellenlänge im Medium, ergibt, wird die Dämpfungskonstante nach dem

Knotenbreiteverfahren aus (s. [32])

$$\alpha_m = \frac{1}{l_{\min}} \frac{\sin \dfrac{\pi \cdot \Delta L}{\lambda_m}}{\sqrt{1 + \sin^2 \dfrac{\pi \cdot \Delta L}{\lambda_m}}}$$

ermittelt. Für die DK ergibt sich dann

$$\varepsilon' = \left(\frac{\lambda_0}{\lambda_m}\right)^2 + \left(\frac{\lambda_0}{\lambda_g}\right)^2,$$

$$\tan \delta_\varepsilon = \frac{\lambda_0^2}{\lambda_L} \left(\alpha_m \frac{\lambda_L}{\lambda_m \varepsilon'} - \alpha_0\right)$$

(λ_m Leitungswellenlänge im Medium), wobei α_0 die Dämpfung der leeren Meßleitung zwischen dem abschließenden Kurzschluß und dem Ort des ausgemessenen Minimums ist. Für den speziellen Fall der TEM-Welle lassen sich diese Gleichungen noch vereinfachen, da dann wieder $\lambda_0 = \lambda_L$ und $\lambda_g \to \infty$ gilt.

4.2.6. Der Einfluß der Dämpfung der Meßapparatur

Wie das im vorstehenden Abschnitt betrachtete Beispiel zeigt, kann man insbesondere bei Proben mit geringen Verlusten die bereits durch die Meßapparatur selbst hervorgerufene Dämpfung nicht mehr vernachlässigen. Diese zusätzliche Dämpfung setzt sich aus verschiedenen Anteilen zusammen, von denen hier die wichtigsten genannt werden sollen (ausführlich z. B. bei [37]):

a) Die Leitungsdämpfung;

b) die Übergangsdämpfung an Kontaktstellen (Steckverbindungen oder Flanschen) zwischen einzelnen Leitungsbauteilen;

c) die Dämpfung durch die Sonde (bei kapazitiven Sonden wird diese mit der Kopplung verändert).

Viele Hersteller machen zu ihren Leitungsbauteilen, Meßleitungen und Leitungsverbindungen entsprechende Angaben, so daß die Dämpfung der Apparatur wenigstens größenordnungsmäßig ohne weitere Messung ermittelt werden kann.

Die Dämpfung α_0 der Meßapparatur läßt sich experimentell recht gut bestimmen, indem man das Stehwellenverhältnis s_0 ohne Probe bei Abschluß mit einem Kurzschluß oder Leerlauf bestimmt. Man wendet dazu das Knotenbreiteverfahren an, wobei sich das Minimum an der gleichen Stelle der Meßleitung befinden soll wie bei der Messung der Probe. Da die Apparatedämpfung in der Regel sehr gering sein wird, kann für Gl. (4.20) die angegebene Näherung verwendet werden. Damit ergibt sich

$$\alpha_0 = \frac{1}{s_0 \, l_{\min}} \approx \frac{\pi \cdot \Delta L_0}{\lambda_L l_{\min}}.$$

Ist s_m das mit Probe gemessene Stehwellenverhältnis, so ergibt sich das mit der Apparatedämpfung korrigierte Stehwellenverhältnis für kleine Werte von α_0 in guter Näherung zu

$$s = \frac{s_m}{1 - \dfrac{s_m}{s_0}}.$$

Dieser Wert muß dann in die entsprechenden Auswertebeziehungen eingesetzt werden.

4.2.7. *Der Einfluß von Luftspalten zwischen Probe und Leitung*

Im Abschnitt 2.1.5. war gezeigt worden, daß bereits bei einer einfachen DK-Messung im Stoffmeßkondensator Luftspalte zwischen Probe und Meßelektroden einen erheblichen Fehler verursachen, der umso größer ist, je größer ε' ist. Ebenso treten auch bei der Messung der elektromagnetischen Stoffkonstanten in Wellenleitern große systematische Fehler auf, wenn die Stoffprobe die Leitung nicht vollständig ausfüllt, sondern wenn zwischen der Probe und den Metallteilen der Leitung „Passungsluft" auftritt.

Der Einfluß der Passungsluft soll für das Beispiel einer unmagnetischen Probe ($\mu_r = 1$) in der Koaxialleitung näher untersucht werden. Entsprechend Abb. 49 betrachten wir dazu die stofferfüllte Probenleitung als

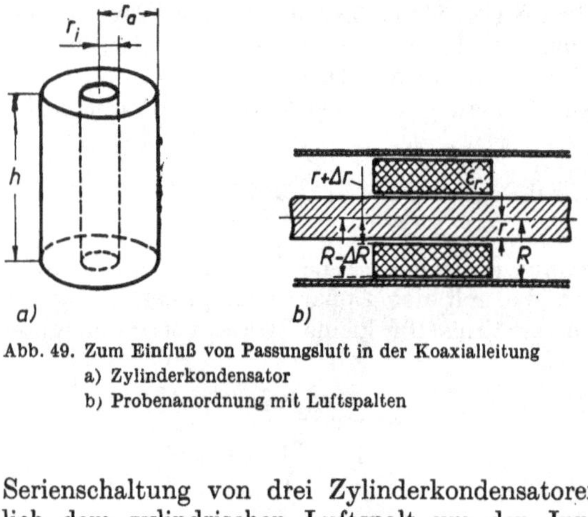

Abb. 49. Zum Einfluß von Passungsluft in der Koaxialleitung
a) Zylinderkondensator
b) Probenanordnung mit Luftspalten

Serienschaltung von drei Zylinderkondensatoren, nämlich dem zylindrischen Luftspalt um den Innenleiter, dem eigentlichen Probenzylinder und dem zylindrischen Luftspalt zwischen Probe und Außenleiter. Für die Kapazität eines Zylinderkondensators gilt [38] mit den Bezeichnungen aus Abb. 49

$$C = \varepsilon_0 \varepsilon_r \frac{2\pi h}{\ln \dfrac{r_a}{r_i}}.$$

Bezeichnet man mit ε_s die gemessene scheinbare DK und mit ε_r ihren tatsächlichen Wert, so ergibt sich mit den

Bezeichnungen aus Abb. 49

$$\varepsilon_r = \varepsilon_s \frac{\ln (R - \Delta R) - \ln (r + \Delta r)}{\ln \dfrac{R}{r} - \varepsilon_s \left(\ln \dfrac{r + \Delta r}{r} - \ln \dfrac{R - \Delta R}{R} \right)}. \quad (4.21)$$

Daraus findet man für den relativen Fehler der DK

$$\frac{\Delta \varepsilon_r}{\varepsilon_s} = (\varepsilon_s - 1) \frac{\ln \dfrac{r + \Delta r}{r} - \ln \dfrac{R - \Delta R}{R}}{\ln \dfrac{R}{r} - \varepsilon_s \left(\ln \dfrac{r + \Delta r}{r} - \ln \dfrac{R - \Delta R}{R} \right)} \quad (4.22)$$

und für die tatsächliche DK der Probe

$$\varepsilon_r = \varepsilon_s \left(1 + \frac{\Delta \varepsilon_r}{\varepsilon_s} \right).$$

Bei kleinen Luftspalten läßt sich Gl. (4.22) stark vereinfachen. Als ausreichende Näherung gilt

$$\frac{\Delta \varepsilon_r}{\varepsilon_s} \approx (\varepsilon_s - 1) \frac{\dfrac{\Delta r}{r} + \dfrac{\Delta R}{R}}{\ln \dfrac{R}{r} - \varepsilon_s \left(\dfrac{\Delta r}{r} + \dfrac{\Delta R}{R} \right)}.$$

Diese Gleichung kann gleichzeitig als Näherung zur Berechnung von ε' benutzt werden, wenn der Verlustfaktor der Probe klein ist ($\tan \delta_\varepsilon < 0{,}1$). Der Verlustfaktor läßt sich aus Gl. (4.21) ermitteln, wenn man ε_r und ε_s komplex schreibt. Man findet

$$\tan \delta_\varepsilon = \tan_s \delta_\varepsilon \frac{\ln \dfrac{R}{r}}{\ln \dfrac{R}{r} - \varepsilon_s'(1 + \tan_s^2 \delta_\varepsilon) \left(\ln \dfrac{r + \Delta r}{r} - \ln \dfrac{R - \Delta R}{R} \right)}$$

und daraus als Näherung für geringe Verluste ($\tan_s^2 \delta_\varepsilon \ll 1$)

$$\frac{\Delta \delta_\varepsilon}{\tan_s \delta_\varepsilon} \approx \varepsilon_s' \frac{\ln \frac{r + \Delta r}{r} - \ln \frac{R - \Delta R}{R}}{\ln \frac{R}{r} - \varepsilon_s' \left(\ln \frac{r + \Delta r}{r} - \ln \frac{R - \Delta R}{R} \right)}$$

und schließlich für geringe Passungsluft

$$\frac{\Delta \delta_\varepsilon}{\tan_s \delta_\varepsilon} \approx \varepsilon_s' \frac{\frac{\Delta r}{r} + \frac{\Delta R}{R}}{\ln \frac{R}{r} - \varepsilon_s' \left(\frac{\Delta r}{r} + \frac{\Delta R}{R} \right)}.$$

Der tatsächliche Verlustfaktor der Probe ist dann

$$\tan \delta_\varepsilon = \tan_s \delta_\varepsilon \left(1 + \frac{\Delta \delta_\varepsilon}{\tan_s \delta_\varepsilon} \right).$$

Der durch Passungsluft hervorgerufene Meßfehler läßt sich also abschätzen. Die Korrektur wird jedoch bei großen Werten von ε' und $\tan \delta_\varepsilon$ aufwendig und ungenau,

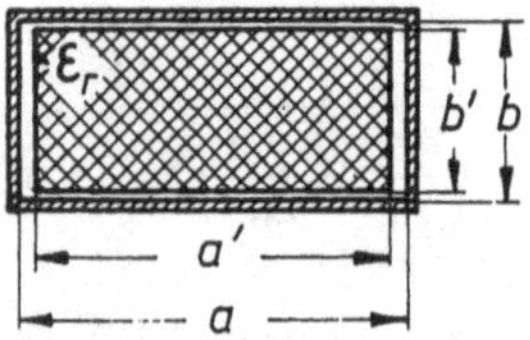

Abb. 50. Zum Einfluß von Passungsluft im Hohlleiter

wie das ja auch bei der Korrektur des Gap-Effektes bei DK-Messungen im Stoffmeßkondensator der Fall war. Dann muß durch entsprechende Anordnung der Proben, wie z. B. Metallisieren und Einlöten in die Probenleitung, das Auftreten von Passungsluft vollständig ausgeschlossen werden.

Auch bei DK-Messungen im H_{10}-Hohlleiter verursacht Passungsluft (Abb. 50) einen systematischen Meßfehler. Entsprechend der Konfiguration des elektrischen Feldes (s. Abb. 44b) ist der Einfluß eines Luftspaltes zwischen den Hohlleiterbreitseiten und der Probe auf das Meßergebnis sehr groß. Bei kleinen Luftspalten ($\Delta b = b - b' \ll b$) und geringen Verlusten gilt näherungsweise [39]

$$\frac{\Delta\varepsilon'}{\varepsilon'} = \varepsilon' \cdot \frac{\Delta b}{b},$$

d. h., es ergibt sich die gleiche Beziehung, die sich auch schon beim Gap-Effekt für kleine Werte von ε' und kleine Luftspalte in erster Näherung ergeben hatte. Bereits bei $\varepsilon' \geqq 10$ wird aber der Fehler unzulässig groß, und durch entsprechende Probenanordnungen muß dafür gesorgt werden, daß möglichst keine Luftspalte auftreten. Das läßt sich z. B. durch Ausfüllen der Passungsluftspalte mit Quecksilber erreichen [40].

Dagegen ist der Einfluß von Luftspalten zwischen den Schmalseiten des Hohlleiters und der Probe wesentlich geringer. Nach MARCUWITZ [41] kann die tatsächliche DK $\varepsilon_r = \varepsilon' - j\varepsilon''$ aus der gemessenen scheinbaren DK ε_s mittels der Beziehung

$$\frac{\tan\left[\pi \dfrac{a - a'}{\lambda_0} \sqrt{1 - \left(\dfrac{\lambda_0}{\lambda_R}\right)^2}\right]}{\sqrt{1 - \left(\dfrac{\lambda_0}{\lambda_R}\right)^2}} = \frac{\cot\left[\dfrac{\pi a'}{\lambda_0} \sqrt{\varepsilon_r - \left(\dfrac{\lambda_0}{\lambda_R}\right)^2}\right]}{\sqrt{\varepsilon_r - \left(\dfrac{\lambda_0}{\lambda_R}\right)^2}} \tag{4.23}$$

mit

$$\lambda_R = \frac{\lambda_0}{\sqrt{\varepsilon_s - \left(\dfrac{\lambda_0}{\lambda_g}\right)^2}}$$

berechnet werden. Bei vernachlässigbaren Verlusten läßt sich Gl. (4.23) graphisch auswerten, und es zeigt sich, daß der Fehler $\dfrac{\Delta\varepsilon'}{\varepsilon'}$ für $\dfrac{a'}{a} \geqq 0{,}7$ und $\varepsilon' \geqq 10$ gegenüber anderen Meßfehlern vernachlässigt werden kann [42]. Bei verlustbehafteten Proben ist jedoch die Auflösung der Gl. (4.23) sehr mühsam. Der Einfluß des Luftspaltes läßt sich aber durch Messungen an Proben mit unterschiedlicher Breite a' experimentell abschätzen und kann bei $a'/a \geqq 0{,}9$ sicher vernachlässigt werden [43].

4.3. Der koaxiale Probenhalter

Aus der schematischen Darstellung des elektrischen Feldes einer TEM-Welle (Abb. 44) geht bereits hervor, daß die bisher beschriebenen DK-Meßmethoden in Koaxialleitungen nur für isotrope Dielektrika anwendbar sind. Dazu kommt, daß die Herstellung des relativ kompliziert geformten Probenkörpers bei vielen Materialien Schwierigkeiten bereitet, vor allem wenn man hohe Anforderungen an die Toleranz der Probenabmessungen stellt, was jedoch bei großen Werten der relativen DK unerläßlich ist. Außerdem benötigt man in jedem Falle recht große Proben.

Für viele Meßaufgaben ist daher ein Verfahren entwickelt worden, bei dem sich eine kreiszylindrische Probe als Leitungsabschluß zwischen der ebenen Endfläche des Innenleiters und einem Kurzschlußschieber in einer Koaxialleitung befindet. Diese Probenanordnung findet auch bei DK-Messungen mit Gütefaktormessern Anwendung und wurde in diesem Zusammenhang bereits erwähnt (s. Abschn. 3.2.4.). Man kann bei diesem Verfahren wesentlich kleinere Proben als bei den bisher für Koaxialleitungen beschriebenen Methoden verwenden, die sich außerdem einfacher herstellen lassen. Die Feldkonfiguration ist am Ort der Probe und in ihrer Umgebung radialsymmetrisch, wenn die Probe konzentrisch angeordnet ist, und die elektrische Feldstärke hat nur eine axiale Komponente. Die Probe kann also im elektrischen Feld eindeutig orientiert werden, was bei Messungen an anisotropen Dielektrika notwendig ist. Allerdings hat dieses Verfahren den Nachteil, daß umfangreiche Eichmessungen erforderlich werden und die Auswertung kompliziert und insbesondere bei großen DK-Werten nur mittels aufwendiger Näherungsverfahren möglich ist.

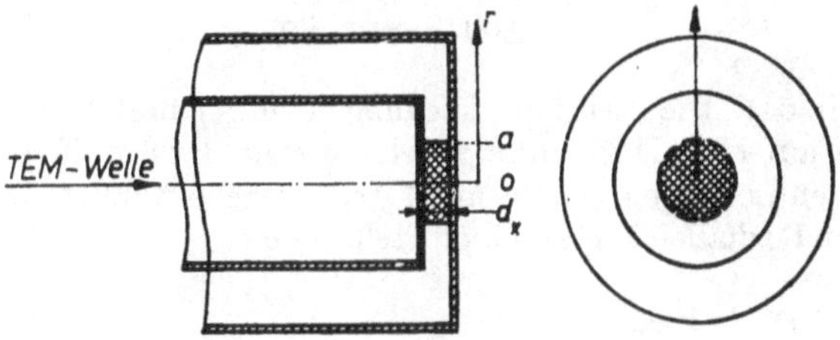

Abb. 51. Die Probe als Abschluß einer Koaxialleitung (schematisch)

4.3.1. Die Probe als Abschluß der Koaxialleitung

Die Eingangsadmittanz der Probe, die die Koaxialleitung abschließt, und ihr Zusammenhang mit den dielektrischen Stoffeigenschaften kann unter der Annahme, daß in der Meßapparatur keine Moden höherer Ordnung auftreten, berechnet werden. Die Anregung von Moden höherer Ordnung kann zwar nicht grundsätzlich ausgeschlossen werden, aber SANDY [44] hat gezeigt, daß man sie praktisch auf Grund ihrer großen Dämpfung vernachlässigen kann. Die axialsymmetrische Feldkonfiguration ermöglicht die Behandlung des Leitungsendes zwischen der kreisförmigen Endfläche des Mittelleiters und dem Kurzschluß, das die Probe enthält (Abb. 51), als Radialleitung [45]. Dazu werden die Leitungsgleichungen (4.1) und (4.2) durch Einführen des komplexen Wellenzahlvektors $k = j\gamma$ in die Form

$$\frac{\mathrm{d}U}{\mathrm{d}r} = -jk \cdot Z_0(r) \cdot I\,, \tag{4.24}$$

$$\frac{\mathrm{d}I}{\mathrm{d}r} = -jk \cdot Y_0(r) \cdot U \tag{4.25}$$

gebracht. Da die Radialleitung keinen konstanten Querschnitt hat, ist natürlich ihre charakteristische Impedanz Z_0 ortsabhängig. Für die stofferfüllte Radialleitung hat sie den Wert

$$Z_0(r) = \frac{1}{Y_0(r)} = \sqrt{\frac{\mu}{\varepsilon}}\,\frac{d_x}{2\pi r}$$

(s. Abb. 51). Die Leitungsgleichungen (4.24) und (4.25) führen auf eine Differentialgleichung vom BESSEL-Typ, aus deren Lösungen sich die auf $Y_0(r)$ bezogene Admittanz $y(r)$ der Radialleitung an einer Stelle r zu

$$\frac{Z_0(r)\,I(r)}{U(r)} = \frac{Y(r)}{Y_0(r)} = y(r)$$

$$= \frac{Z_0(r_0)\,I(r_0)\,[J_0(kr_0)\,N_1(kr) - N_0(kr_0)\,J_1(kr)]}{U(r_0)\,[N_1(kr_0)\,J_0(kr) - J_1(kr_0)\,N_0(kr)]}$$

$$\frac{-\,jU(r_0)\,[J_1(kr_0)\,N_1(kr) - N_1(kr_0)\,J_1(kr)]}{+\,jZ_0(r_0)\,I(r_0)\,[J_0(kr_0)\,N_0(kr) - N_0(kr_0)\,J_0(kr)]}$$

($J_i(kr)$ BESSEL-Funktion i-ter Ordnung vom Argument kr; $N_i(kr_0)$ NEUMANN-Funktion i-ter Ordnung vom Argument kr_0) berechnen läßt. Da die Probeneingangsadmittanz, d. h. die Eingangsadmittanz der stofferfüllten Radialleitung in der Mantelfläche $r = a$ des Probenzylinders interessiert, berechnet man $y(r)$ an dieser Stelle in Richtung abnehmenden Radius und wählt als Bezugspunkt $r_0 = 0$. Unter Berücksichtigung der Grenzwerte der Zylinderfunktionen und der charakteristischen Impedanz für $r_0 \to 0$ ergibt sich schließlich

$$y(a) = j\,\frac{J_1(ka)}{J_0(ka)}$$

und daraus als absolute Eingangsadmittanz der Probe

$$Y(a) = Y_0(a)\,y(a) = j\sqrt{\frac{\varepsilon_0\varepsilon_r}{\mu_0\mu_r}}\,\frac{2\pi a}{d_x}\,\frac{J_1(ka)}{J_0(ka)}.$$

Wenn man sich auf unmagnetische Dielektrika ($\mu_r = 1$) beschränkt, kann man für den Wellenzahlvektor

$$k = \frac{2\pi}{\lambda_0} \sqrt{\varepsilon_r} = \frac{\omega}{c_0} \sqrt{\varepsilon_r}$$

(λ_0 Vakuumwellenlänge, c_0 Vakuum-Lichtgeschwindigkeit) schreiben und erhält damit für die Probeneingangsadmittanz

$$Y(a) = j\omega\varepsilon_0\varepsilon_r \frac{\pi a^2}{d_x} \frac{2J_1(ka)}{kaJ_0(ka)}. \tag{4.26}$$

Unter bestimmten Voraussetzungen für das Argument ka lassen sich für den letzten Faktor in Gl. (4.26) Näherungen angeben. Ist $|ka| \ll 1$, so wird einfach [45]

$$\frac{2J_1(ka)}{kaJ_0(ka)} = 1,$$

d. h., die Probeneingangsadmittanz ist gleich dem Leitwert, den man auch berechnet, wenn man die Probe einfach als verlustbehafteten Plattenkondensator ansieht. Diese Näherung ist i. allg. sicher zulässig in dem Frequenzbereich, der mit Gütefaktormessern erfaßt werden kann (s. Abschn. 3.2.4.). Für $|ka| \gg 1$ ergibt sich die allerdings vieldeutige Näherung [45]

$$\frac{2J_1(ka)}{kaJ_0(ka)} = \frac{2}{ka} \tan\left(ka - \frac{\pi}{4}\right).$$

Sandy [44] gibt eine Näherung in Form der Potenzreihenentwicklung

$$\frac{2J_1(ka)}{kaJ_0(ka)} = 1 + \frac{(ka)^2}{8} + \frac{(ka)^4}{48} + \frac{(ka)^6}{256} + \cdots$$

an, die man aus der Reihenentwicklung der Bessel-Funktionen für $J_0(ka) \neq 0$ erhält und die für $|ka| \leqq 1{,}6$ eine Approximation bis auf wenige Prozent liefert. Sharpe und Brockus [46] verwenden eine Näherung in

Form eines unendlich fortschreitenden Bruches

$$\frac{2J_1(ka)}{kaJ_0(ka)} = \cfrac{1}{1 - \cfrac{\left(\frac{ka}{2}\right)^2}{2 - \cfrac{\left(\frac{ka}{2}\right)^2}{3 - \cfrac{\left(\frac{ka}{2}\right)^2}{4 - \cdots}}}},$$

die für $|ka| \leqq 2{,}2$ eine gute Approximation ermöglicht. Dagegen kann die von LUEG und RUPPERSBERG [47] und von FOUSEK [48] angegebene Näherung nur für $|ka| \leqq 1$ verwendet werden. Eine weitere Näherung für $|ka| \leqq 0{,}85$ wird von IVANOV und PETROV [49] angegeben.

4.3.2. *Die Transformationseigenschaften der Probenleitung*

Ein weiterer Nachteil dieses Verfahrens ist, daß die Probeneingangsadmittanz $Y(a)$ nicht unmittelbar gemessen werden kann. Vielmehr befindet sich zwischen der Meßebene A_m in der Meßleitung und der Probeneingangsfläche A_p ein Leitungsstück endlicher Länge, das $Y(a)$ in die effektive Admittanz $Y(m)$ transformiert. Da diese Leitung nicht homogen ist, kann die Transformationsgleichung nicht einfach nach Gl. (4.14) aufgestellt werden. Die Transformationseigenschaften einer beliebigen Leitung lassen sich aber durch eine Vierpolersatzschaltung und eine dieser Ersatzschaltung entsprechende Transformationsgleichung

$$\begin{pmatrix} U_m \\ I_m \end{pmatrix} = \begin{pmatrix} A & B \\ C & D \end{pmatrix} \begin{pmatrix} U_a \\ I_a \end{pmatrix} \quad \text{mit} \quad \begin{vmatrix} A & B \\ C & D \end{vmatrix} = 1$$

darstellen, wobei man mit U_m, I_m Spannung und Strom an den Eingangsklemmen und mit U_a, I_a Spannung und Strom an den Ausgangsklemmen des Vierpols bezeichnet und

$$\frac{I_m}{U_m} = Y(m), \quad \frac{I_a}{U_a} = Y(a)$$

ist. Für genaue Messungen muß man bei der Beschreibung der Transformationseigenschaften der Leitung deren Dämpfung sowie die Inhomogenität beim Übergang von der Koaxial- zur Radialleitung berücksichtigen. Das

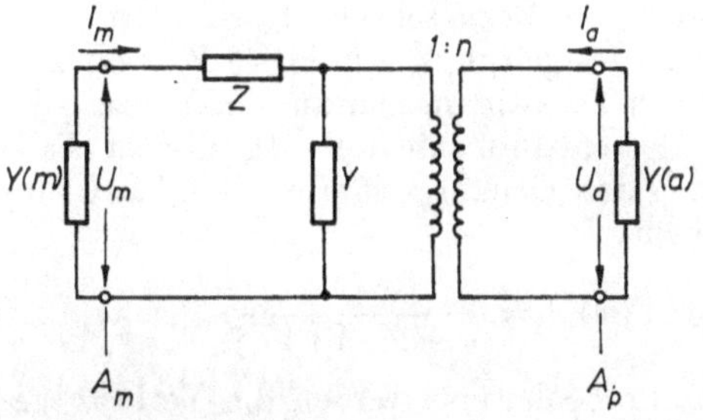

Abb. 52. Ersatzschaltung zur Berechnung der Transformationseigenschaften der koaxialen Probenleitung

führt auf die in Abb. 52 dargestellte Vierpolersatzschaltung [44]. Die ihr entsprechende Transformationsbeziehung lautet

$$\begin{pmatrix} U_m \\ I_m \end{pmatrix} = \begin{pmatrix} 1 & Z \\ 0 & 1 \end{pmatrix} \begin{pmatrix} 1 & 0 \\ Y & 1 \end{pmatrix} \begin{pmatrix} 1/n & 0 \\ 0 & n \end{pmatrix} \begin{pmatrix} U_a \\ I_a \end{pmatrix}$$

und führt auf die Gleichung

$$Y(m) = \frac{Y + n^2 Y(a)}{1 + YZ + n^2 Z Y(a)}. \qquad (4.27)$$

In diesem Ersatzschaltbild bezeichnet Z die Serienverluste der Leitung, Y die Parallelverluste sowie den Einfluß der Streukapazität in der Umgebung der Probe und n^2

im wesentlichen den Einfluß der Leitungsdiskontinuität beim Übergang von der Koaxial- zur Radialleitung. Alle diese Größen lassen sich jedoch nicht berechnen, sondern müssen für die spezielle Meßanordnung mittels Eichmessungen in Abhängigkeit von der Frequenz ermittelt werden. Dabei müssen Z und Y als i. allg. komplexe Größen angesehen werden, während n^2 reell angenommen werden kann [44].

Zur Eichung der Probenleitung wird zunächst eine Metallprobe mit den gleichen Abmessungen wie die Meßprobe eingesetzt. Mit $Y(a)_M = \infty$ folgt dafür aus Gl. (4.27) $Y(m) = 1/Z$. Gleichzeitig wird bei dieser Messung für alle folgenden die Bezugsebene A_m am Ort eines Spannungsknotens festgelegt. Dadurch ist Z reell. Den Realteil $\mathrm{Re}\,[Y]$ von Y bestimmt man aus der Messung der Admittanz des leeren Probenhalters. In diesem Falle kann man mit guter Genauigkeit $\mathrm{Re}\,[Y(a)_L] = 0$ annehmen und erhält

$$\mathrm{Re}\,[Y(m)_L] = \frac{\mathrm{Re}\,[Y]}{1 + Z \cdot \mathrm{Re}\,[Y]}.$$

Bei einer guten Probenleitung werden die Verluste gering sein, d. h., es gilt $Z \cdot \mathrm{Re}\,[Y] \ll 1$, und damit ist einfach $\mathrm{Re}\,[Y(m)_L] = \mathrm{Re}\,[Y]$. Schließlich bestimmt man n^2 und den Imaginärteil $\mathrm{Im}\,[Y]$ von Y, indem man $Y(m)_E$ für Eichproben mit bekannter DK mißt, die die gleichen Abmessungen wie die Meßprobe haben. Für diese Eichproben kann $Y(a)_E$ berechnet oder bei tieferen Frequenzen z. B. mit einem Gütefaktormesser gemessen werden, wenn ε_r im interessierenden Bereich frequenzunabhängig ist. Benutzt man Eichproben mit geringen Verlusten, ist $Z \cdot \mathrm{Im}\,[Y(a)_E] \ll 1$. Berücksichtigt man ferner, daß bei einer verlustarmen Probenleitung sicher auch $Z \cdot \mathrm{Im}\,[Y] \ll 1$ ist, kann man Gl. (4.27) durch

$$\mathrm{Im}\,[Y(m)_E] = \mathrm{Im}\,[Y] + n^2\,\mathrm{Im}\,[Y(a)_E]$$

ausreichend annähern. Aus der graphischen Darstellung der Ergebnisse für verschiedene Eichproben können

Im $[Y]$ und n^2 abgelesen werden. Damit lassen sich alle Parameter der Transformationsgleichung (4.27) als Funktion der Frequenz bestimmen.

4.3.3. Der Aufbau koaxialer Probenhalter

Aus der Betrachtung der Transformationseigenschaften folgt, daß ein koaxialer Probenhalter gut an die übrigen Leitungsbauelemente angepaßt sein muß und nur geringe Verluste aufweisen darf. Die Oberflächen von Innen- und Außenleiter müssen daher neben einer hohen mechanischen Güte eine sehr gute elektrische Leitfähigkeit besitzen, und es dürfen nur Isolierstoffe mit geringem Verlustfaktor verwendet werden. Die Verbindung zwischen Probenhalter und Meßleitung darf nur einen geringen Übergangswiderstand besitzen und muß den gleichen Wellenwiderstand haben. Entsprechende Konstruktionshinweise findet man in der Literatur (z. B. [29]).

Besondere konstruktive Schwierigkeiten treten auf, wenn DK-Messungen in Abhängigkeit von der Temperatur vorgenommen werden sollen. Die einfachste Möglichkeit ist noch die Temperierung des gesamten Probenhalters mittels eines Flüssigkeitsthermostaten [44, 46]. In jedem Falle muß zwischen den temperierten Teil des Probenhalters und die Meßleitung eine sogenannte Wärmebremse, d. h. ein Leitungsstück mit extrem geringer Wärmeleitfähigkeit, geschaltet werden, da man sonst kein thermisches Gleichgewicht im Probenhalter erreicht und sich die gesamte Meßapparatur unzulässig erwärmt. Wärmebremsen lassen sich aus dünnwandigen Rohren aus Neusilber oder V2A-Stahl fertigen, die zur Verminderung der elektrischen Verluste oberflächenversilbert werden. Andere Möglichkeiten der Temperierung sind die Einleitung eines erwärmten Luftstromes in die Probenleitung [50] oder die elektrische Beheizung [24, 25, 51, 52]. Bei diesen Verfahren kommt es aber leicht zur Ausbildung eines Temperaturgradienten in der Probe.

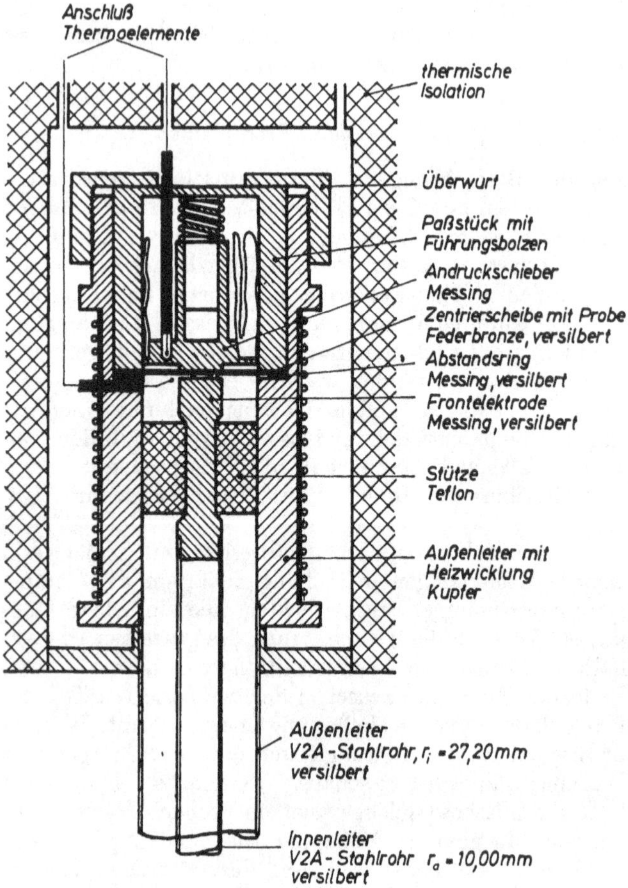

Abb. 53. **Koaxialer Probenhalter, $Z_0 = 60\,\Omega$, mit elektrischer Beheizung (schematisiert)**

In Abb. 53 ist der temperierte Teil eines elektrisch beheizten Probenhalters dargestellt, der für DK-Messungen im Temperaturbereich zwischen Raumtemperatur und etwa 500 K geeignet ist.

Bei der Temperaturmessung an der Probe muß beachtet werden, daß ein in die Probenleitung ragendes Thermoelement eine zusätzliche Leitungsdiskontinuität darstellt. Es muß daher besser vor der eigentlichen Admittanzmessung entfernt werden.

4.4. Andere Geräte zur Impedanzmessung

Natürlich können zur Messung der Eingangsimpedanz oder -admittanz einer Probenleitung auch andere Meßgeräte als die in Abschnitt 4.2.2. beschriebene Meßleitung verwendet werden, soweit sie einen ausreichenden Meßbereich erfassen. Insbesondere bei hohen Frequenzen ($f \geqq 3$ GHz) wirkt der Schlitz der Meßleitung als zusätzliche Dämpfung, die das Meßergebnis stark beeinflußt [37] und den Anwendungsbereich einschränkt.

4.4.1. Die schlitzlose Meßleitung

Man verwendet daher vor allem bei höheren Frequenzen häufig die sogenannte schlitzlose Meßleitung. Dabei handelt es sich im Grunde um einen Leitungsresonator veränderlicher Länge, der mit der unbekannten Impedanz Z_x belastet ist [37]. Der Sender wird über eine kapazitive Sonde nahe dem mit Z_x abgeschlossenen Ende und der Empfänger über eine induktive Sonde im Kurzschlußschieber lose angekoppelt (Abb. 54). Erstmalig wurde

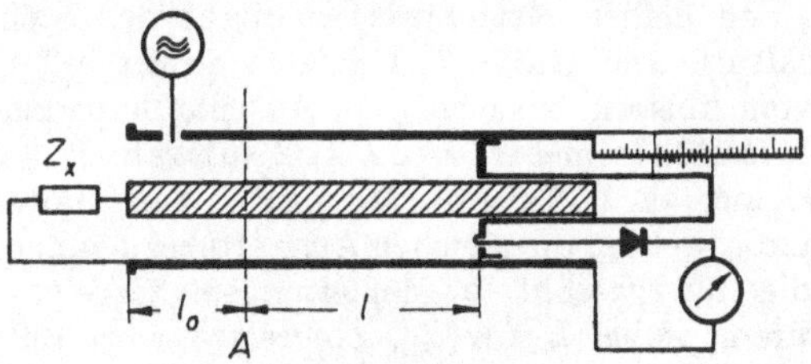

Abb 54. Schlitzlose Meßleitung (schematisch

dieses Verfahren von CHIPMANN [53] beschrieben. Zur Erläuterung der Funktionsweise nehmen wir Leitung und Kurzschlußschieber verlustfrei an. Aus Gl. (4.11') findet man dann mit Gl. (4.9) und (4.9') für den Zusammenhang zwischen der Spannung U_A in der Bezugsebene A (s. Abb. 54) und dem Strom I_K über den Kurzschlußschieber

$$U_A = jI_K Z_0 \sin \beta l. \tag{4.28}$$

Das Leitungsende l_0 links der Bezugsebene mit der Abschlußimpedanz Z_x und dem angekoppelten Generator läßt sich durch eine Ersatzspannungsquelle U_L mit dem Innenwiderstand Z_i in der Bezugsebene A ersetzen. Dabei läßt sich l_0 so wählen, daß $Z_i = Z_0/s$, also für eine verlustlose Leitung reell ist, wobei s das der Abschlußimpedanz Z_x entsprechende Stehwellenverhältnis ist [29]. Hat der Kurzschlußschieber einen Abstand $l = (2n - 1)\,\lambda_L/4$ zur Bezugsebene, erzeugt er in dieser einen Leerlauf, d. h., es ist $U_A = U_L$, und aus Gl. (4.28) folgt $|I_K|_{\min} = U_L/Z_0$. Verschiebt man den Kurzschlußschieber um $\lambda_L/4$, so daß $l = n\lambda_L/2$ ist, erzeugt man in der Bezugsebene einen Kurzschluß. Der Strom wird dann nur durch den Innenwiderstand der Ersatzspannungsquelle bestimmt und nimmt seinen Maximalwert

$$|I_K|_{\max} = \frac{U_L}{Z_i} = s\,\frac{U_L}{Z_0}$$

an. Die vom Indikator angezeigte Spannung ist dem Strom über den Kurzschlußschieber proportional und liefert aus den beiden Extremwerten direkt das Stehwellenverhältnis. Die Größe l_0 läßt sich ermitteln, indem man vom Abstand der Ebene der Abschlußimpedanz Z_x zum Kurzschlußschieber so oft $\lambda_L/2$ subtrahiert, bis der Rest kleiner als $\lambda_L/2$ bleibt. Mit den so bestimmten Werten s und l_0 werden die gleichen Auswertebeziehungen benutzt, die für geschlitzte Meßleitungen hergeleitet worden waren, wobei l_0 für $l_{\min}$ eingesetzt wird [32]. Genau wie bei der geschlitzten Meßleitung läßt sich das

Stehwellenverhältnis aus der Knotenbreite Δl bestimmen, wobei diese allerdings am Maximum der Indikatorspannung gemessen wird und dem Abstand der beiden Punkte $\hat{U}_2 = \hat{U}_{max}/\sqrt{2}$ rechts und links eines Maximums entspricht. Man kann demnach bei allen bisher beschriebenen Verfahren eine schlitzlose Meßleitung verwenden. Diese kann sowohl für TEM- als auch für H_{10}-Wellen konstruiert werden. Nachteilig ist die erforderliche lose Ankopplung von Sender und Indikator. Dadurch werden gegenüber anderen Verfahren höhere Senderspannungen und empfindlichere Indikatoren benötigt.

4.4.2. *Mikrowellenbrücken*

Ähnlich wie in der Niederfrequenztechnik lassen sich auch im Mikrowellenbereich Brückenschaltungen aufbauen, die den Vergleich einer unbekannten Impedanz mit entsprechenden Normalen gestatten [37]. Die Prinzipschaltung einer solchen Impedanz-Vergleichsbrücke zeigt Abb. 55. Für H_{10}-Wellen stellt das Magische T (Abb. 55a) die gebräuchlichste Brückenschaltung dar (siehe z. B. [28, 37]). Allerdings macht i. allg. die Darstellung und Eichung des Normals erhebliche Schwierigkeiten. Diese entfallen jedoch, wenn man den Abgleich durch veränderliche Auskoppelorgane erreicht, denn dann brauchen Normal und unbekannte Impedanz nicht mehr übereinzustimmen.

Hatta [24] beschreibt einen koaxialen Admittanzmesser (Fa. General Radio, Typ 1602 B), der auf diesem Prinzip beruht und mit dem sich ein besonders einfaches Meßverfahren ergibt. Daher soll die Funktionsweise dieses Gerätes kurz erläutert werden. Das Grundbauelement dieses Admittanzmessers ist eine als Vergleichsbrücke wirkende doppelte Parallelverzweigung (Abb. 56). Über einen Arm wird die Meßspannungsquelle angeschlossen, die am Knotenpunkt in die übrigen drei Arme die gleiche Spannung einspeist. Diese Arme sind durch die unbe-

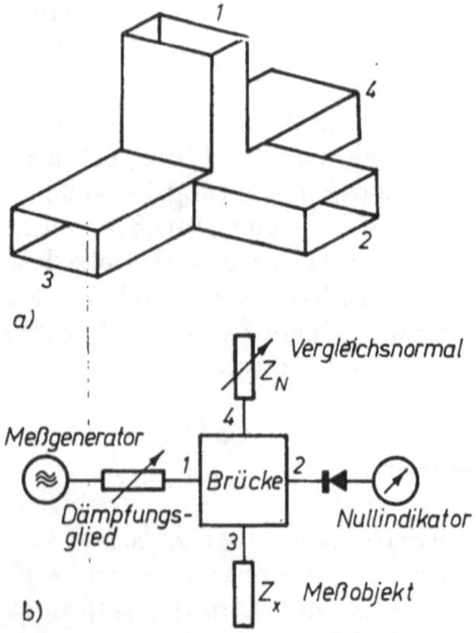

Abb. 55. Brückenschaltung zum Impedanzvergleich
a) Hohlleiter-Serien-Parallel-Verzweigung (Magisches T)
b) Blockschaltbild (schematisch)

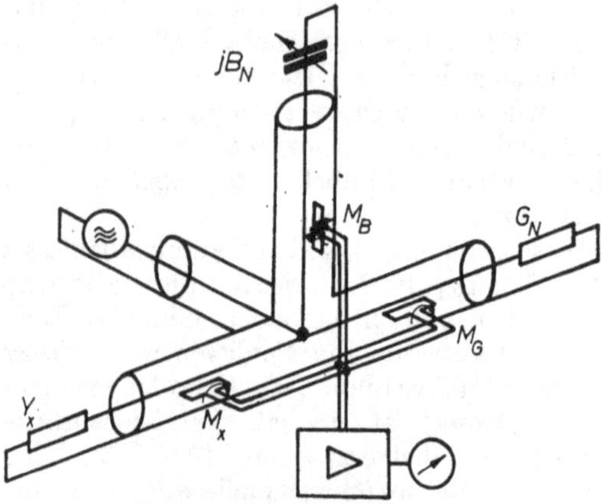

Abb. 56. Prinzipschaltung des koaxialen Admittanzmessers Typ 1602 B (Fa. General Radio)

kannte Admittanz Y_x (z. B. die Eingangsadmittanz der Probenleitung) sowie die Normale G_N und jB_N abgeschlossen. Eine dem Strom im entsprechenden Arm und damit der jeweiligen Abschlußadmittanz proportionale Spannung wird mittels induktiver Sonden ausgekoppelt. Die Gegeninduktivitäten zwischen diesen Koppelschleifen und den Leitungen lassen sich durch Drehen der Koppelschleifen verändern und werden so eingestellt, daß die Summe aller ausgekoppelten Spannungen verschwindet. Dann ist

$$M_x(G_x + jB_x) + M_G G_N + M_B jB_N = 0$$

(M_x, M_G, M_B Gegeninduktivitäten der Koppelschleifen). Wählt man $G_N = |B_N| = 1/Z_0$, lassen sich die Skalen von M_B und M_G direkt in Leitwerten eichen, und $1/M_x$ entspricht einem Meßbereichsfaktor. Der Meßempfänger wird lediglich als Nullinstrument benutzt. Die Messung läßt sich noch weiter vereinfachen, wenn man die effektive Leitungslänge zwischen dem Admittanzmesser und der unbekannten Admittanz gleich einem Vielfachen von $\lambda/2$ macht. Bei Vernachlässigung der Leitungsverluste mißt man dann direkt Y_x (s. dazu Gl. (4.14)).

4.5. *Die Bestimmung der* DK *aus dem komplexen Transmissionsfaktor*

Die bisher beschriebenen Meßverfahren führten die Bestimmung der DK auf die Messung des komplexen Reflexionsfaktors des Einganges eines Probenvierpoles zurück. Bei großen Werten der relativen DK wirkt aber die Probe nahezu als Leitungskurzschluß. Die Knotenverschiebung Δl und die Änderung der Knotenbreite ΔL im Vergleich zu einem Kurzschluß nehmen dann sehr kleine Werte an und lassen sich nur noch relativ ungenau ermitteln. Demzufolge ist auch die aus diesen Meßwerten berechnete DK mit einem großen relativen Fehler behaftet. In diesem Falle lassen sich mit Transmissionsmeßverfahren höhere Meßgenauigkeiten erreichen [40].

4.5.1. *Transmissionsfaktor*

Die zu untersuchende Stoffprobe füllt wie bei den Reflexionsmessungen eine homogene Leitung auf einer Länge d_x aus. Um Feldverzerrungen zu vermeiden, stehen die Grenzflächen Probe/Luft senkrecht zur Ausbreitungsrichtung. Der Reflexionsfaktor dieser Grenzflächen hängt von den Wellenwiderständen Z_m der stofferfüllten und Z_0 der leeren Leitung ab. Man findet aus Gl. (4.10), daß er beim Übergang einer elektromagnetischen Welle aus der leeren Leitung in die Probe

$$\varrho = |\varrho| \, \mathrm{e}^{j\varphi} = \frac{Z_m - Z_0}{Z_m + Z_0}$$

und beim Austreten aus der Probe

$$\varrho' = \frac{Z_0 - Z_m}{Z_0 + Z_m} = -\varrho$$

beträgt. Im Inneren der Probe treten Mehrfachreflexionen auf. Zur Berechnung des Transmissionsfaktors betrachten wir eine durch die Probe hindurchtretende Spannungswelle, die sich aus den Teilwellen (s. Abb. 57)

$$\begin{aligned}
u_t' &= (1 - \varrho')\, u_2' = (1 + \varrho)\, u_1' \mathrm{e}^{-\gamma_m d_x} = (1 - \varrho^2)\, u_e \mathrm{e}^{-\gamma_m d_x} \\
u_t'' &= (1 - \varrho')\, u_2'' = (1 + \varrho)\, \varrho^2 u_2' \mathrm{e}^{-2\gamma_m d_x} \\
&= (1 - \varrho^2)\, u_e \mathrm{e}^{-\gamma_m d_x} \varrho^2 \mathrm{e}^{-2\gamma_m d_x} \\
u_t''' &= (1 - \varrho')\, u_2''' = (1 + \varrho)\, \varrho^2 u_2'' \mathrm{e}^{-2\gamma_m d_x} \\
&= (1 - \varrho^2)\, u_e \mathrm{e}^{-\gamma_m d_x} \left(\varrho^2 \mathrm{e}^{-2\gamma_m d_x}\right)^2 \\
&\;\;\vdots \\
u_t^{(n)} &= (1 - \varrho')\, u_2^{(n)} = (1 + \varrho)\, \varrho^2 u_2^{(n-1)} \mathrm{e}^{-2\gamma_m d_x} \\
&= (1 - \varrho^2)\, u_e \mathrm{e}^{-\gamma_m d_x} \left(\varrho^2 \mathrm{e}^{-2\gamma_m d_x}\right)^{n-1}
\end{aligned}$$

zusammensetzt. Die Interferenz dieser Teilwellen führt auf die resultierende Welle in Form der Reihendarstellung

$$u_t = u_e \mathrm{e}^{-\gamma_m d_x} (1 - \varrho^2) \left[1 + \varrho^2 \mathrm{e}^{-2\gamma_m d_x} + \left(\varrho^2 \mathrm{e}^{-2\gamma_m d_x}\right)^2 + \cdots\right].$$

Da $|\varrho^2 e^{-2\gamma_m d_x}| < 1$ ist, konvergiert diese Reihe und läßt sich durch die Funktion $(1 - \varrho^2 e^{-2\gamma_m d_x})^{-1}$ darstellen. Definiert man in Analogie zum Reflexionsfaktor den Transmissionsfaktor als Quotienten aus der durchgelassenen Welle u_t und der einfallenden Welle u_e, findet man schließlich

$$t = |t|\, e^{-j\tau} = \frac{(1 - \varrho^2)\, e^{-\gamma_m d_x}}{1 - \varrho^2 e^{-2\gamma_m d_x}}. \tag{4.29}$$

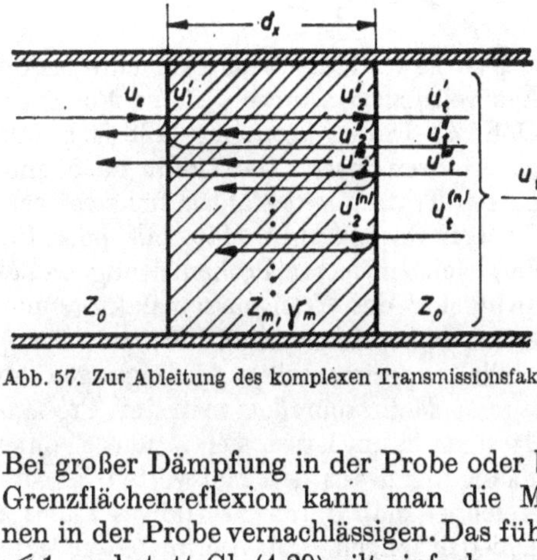

Abb. 57. Zur Ableitung des komplexen Transmissionsfaktors

Bei großer Dämpfung in der Probe oder bei sehr geringer Grenzflächenreflexion kann man die Mehrfachreflexionen in der Probe vernachlässigen. Das führt auf $|\varrho^2 e^{-2\gamma_m d_x}| \ll 1$, und statt Gl. (4.29) gilt einfach

$$t = (1 - \varrho^2)\, e^{-\gamma_m d_x}. \tag{4.30}$$

4.5.2. *Der Zusammenhang zwischen Transmissionsfaktor und* DK

Die folgenden Betrachtungen sollen von vornherein auf unmagnetische Dielektrika ($\mu_r = 1$) beschränkt werden. Diese Voraussetzung ist in vielen Fällen erfüllt und gestaltet die nachfolgenden Rechnungen übersichtlicher. Für den Reflexionsfaktor der Probengrenzfläche ergibt sich dann im Falle der H_{10}-Welle nach Abschnitt 4.2.1.

$$\varrho = \frac{\varkappa_0 - \varkappa}{\varkappa_0 + \varkappa}$$

mit

$$\varkappa_0 = \sqrt{1 - \left(\frac{\lambda_0}{\lambda_g}\right)^2}, \quad \varkappa = \sqrt{\varepsilon' - j\varepsilon'' - \left(\frac{\lambda_0}{\lambda_g}\right)^2}$$

und für die Ausbreitungskonstante γ_m in der Probe

$$\gamma_m = j\,\frac{2\pi}{\lambda_0}\,\varkappa.$$

In Gl. (4.29) ist also sowohl die Grenzflächenreflexion ϱ als auch die Ausbreitungskonstante γ_m eine Funktion der komplexen DK ε_r. Diese Gleichung läßt sich nur durch Näherungsverfahren lösen. Man mißt dazu entweder den komplexen Transmissionsfaktor für zwei verschieden lange Proben des gleichen Materials oder für eine Probe im Vergleich zur leeren Probenleitung, wobei sich der Phasenwinkel τ des Transmissionsfaktors nur bis auf Vielfache von 2π bestimmen läßt [40].

Sind dagegen die experimentellen Bedingungen so beschaffen, daß man Mehrfachreflexionen im Probeninneren vernachlässigen kann, lassen sich ε' und ε'' ohne weitere Vernachlässigungen aus den Meßwerten berechnen [40, 41]. Bezeichnet man durch die Indizes 1 und 2 die an zwei verschieden langen Proben ermittelten Meßwerte, findet man aus Gl. (4.30)

$$\frac{t_2}{t_1} = \frac{|t_2|}{|t_1|}\,\mathrm{e}^{-j(\tau_2 - \tau_1)} = \mathrm{e}^{-j\frac{2\pi}{\lambda_0}\varkappa(d_2 - d_1)}.$$

Daraus ergibt sich durch Logarithmieren und Trennen in Real- und Imaginärteil

$$\varepsilon' = \left(\frac{\lambda_0}{\lambda_g}\right)^2 + \left(\frac{\lambda_0}{2\pi\Delta d}\right)^2 \left[(\Delta\tau)^2 - \left(\ln\frac{|t_2|}{|t_1|}\right)^2\right], \tag{4.31}$$

$$\varepsilon'' = 2\left(\frac{\lambda_0}{2\pi\Delta d}\right)^2 \Delta\tau \cdot \ln\frac{|t_2|}{|t_1|}$$

mit

$$\Delta d = |d_2 - d_1|, \quad \Delta\tau = |\tau_2 - \tau_1|.$$

Allerdings ist auch bei diesem Verfahren die Vieldeutigkeit der Bestimmung von $\Delta\tau$ zu berücksichtigen. Diese läßt sich jedoch in jedem Falle mittels einer dritten Messung eliminieren, wenn die Probenlängen nicht in einem rationalen Verhältnis zueinander stehen.

4.5.3. *Verfahren zur Messung des komplexen Transmissionsfaktors*

Der komplexe Transmissionsfaktor wird i. allg. mittels Brückenschaltungen gemessen. Dämpfung und Phasenverschiebung des Probenvierpoles werden dabei mit den Werten verglichen, die man an einem geeichten Dämpfungsglied bzw. Phasenschieber im Vergleichsarm ein-

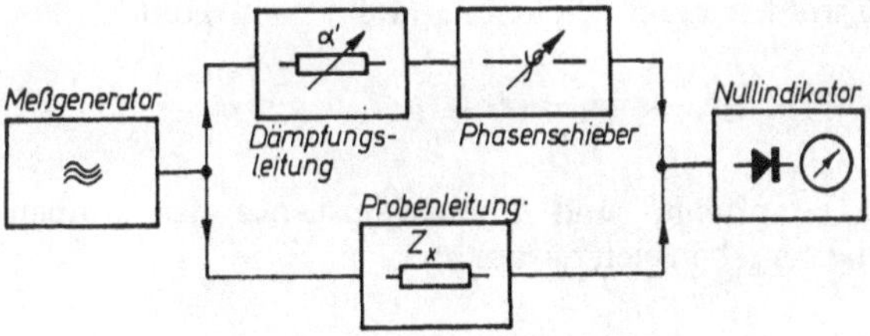

Abb. 58. Brückenschaltung zur Messung des komplexen Transmissionsfaktors mit Dämpfungsglied und Phasenschieber

stellen muß, um die Brückenausgangsspannung zu Null zu machen [37, 40] (Abb. 58). Die Dämpfung α' im Vergleichszweig wird in der Regel in Dezibel angegeben und läßt sich aus der Definition dieses logarithmischen Verhältnismaßes leicht in die in Gl. (4.31) benötigte Form umrechnen:

$$\alpha' = \alpha_2' - \alpha_1' = 20 \lg e \cdot \ln \frac{|t_2|}{|t_1|} \approx 8{,}686 \ln \frac{|t_2|}{|t_1|}.$$

Um die Grenzflächenreflexion am Eingang und Ausgang des Probenvierpoles klein zu halten, werden $\frac{\lambda}{4}$-Anpassungstransformatoren verwendet [54, 55]. Die Grenzflächenreflexion verschwindet, wenn der Wellenwiderstand Z_t dieser $\frac{\lambda}{4}$-Transformatoren der Bedingung

$$Z_t = \sqrt{Z_0 Z_m}$$

genügt, die sich aus Gl. (4.14c) mit $l = \frac{\lambda}{4}$ ergibt. Wenn sich diese Bedingung auch kaum exakt erfüllen läßt, so kann man doch ϱ durch entsprechende Wahl des Wellenwiderstandes Z_t dieser Transformatoren so klein machen, daß Gl. (4.30) eine ausreichende Näherung darstellt. Die Auswertung vereinfacht sich aber noch weiter, wenn tatsächlich die Grenzflächenreflexion vollständig vernachlässigt werden kann. Gleichung (4.30) geht dann in

$$|t|\,\mathrm{e}^{-j\tau} = \mathrm{e}^{-\gamma_m d_x} = \mathrm{e}^{-\alpha_m d_x}\,\mathrm{e}^{-j\beta_m d_x}$$

über. Dämpfungs- und Phasenkonstante des Probenmaterials ergeben sich daraus zu

$$\alpha_m = \frac{1}{\Delta d} \ln \frac{|t_2|}{|t_1|} = \frac{\alpha'}{8{,}686\,\Delta d},$$

$$\beta_m = \frac{\Delta\tau + 2k\pi}{\Delta d}, \quad k = 0, 1, 2, 3, \ldots,$$

wenn man wieder wie oben zwei an verschieden dicken Proben gemessene Transmissionsfaktoren zugrunde legt. Aus

$$\gamma_m = \alpha_m + j\beta_m = j\,\frac{2\pi}{\lambda_0}\,\varkappa$$

ergibt sich für H_{10}-Wellen

$$\varepsilon' = \left(\frac{\lambda_0}{\lambda_g}\right)^2 + \left(\frac{\lambda_0}{2\pi}\right)^2 (\beta_m{}^2 - \alpha_m{}^2), \qquad (4.32\,\mathrm{a})$$

$$\varepsilon'' = 2\left(\frac{\lambda_0}{2\pi}\right)^2 \alpha_m\beta_m$$

und für TEM-Wellen mit $\lambda_0/\lambda_g = 0$

$$\varepsilon' = \left(\frac{\lambda_0}{2\pi}\right)^2 (\beta_m{}^2 - \alpha_m{}^2), \qquad (4.32\,\mathrm{b})$$

$$\tan\delta_x = \frac{2\alpha_m\beta_m}{\beta_m{}^2 - \alpha_m{}^2}.$$

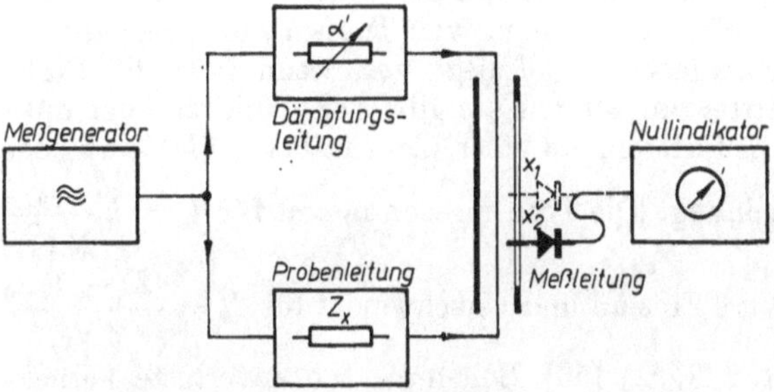

Abb. 59. Brückenschaltung zur Messung des komplexen Transmissionsfaktors mit Dämpfungsglied und Meßleitung

Eine elegante Möglichkeit zur Messung der Phasenverschiebung im Probenvierpol geben DAVIS und RUBIN [55] an (Abb. 59). Die Signale von Meß- und Vergleichsarm werden in einer Meßleitung überlagert, und der Ort x der Nullstelle wird mit der kapazitiven Sonde bestimmt. Die Sondenverschiebung ist dann ein unmittelbares Maß für die Phasenverschiebung; für zwei verschieden dicke Proben findet man aus Gl. (4.30)

$$\tau_2 - \tau_1 = \frac{2\pi}{\lambda_0}\,[2(x_2 - x_1) + k\lambda_0], \quad k = 0, 1, 2, \ldots.$$

Der Faktor 2 vor der Differenz der Sondenstellungen berücksichtigt, daß eine Verschiebung der Sonde zum Meßarm gleichzeitig eine Vergrößerung der elektrischen Länge des Vergleichsarmes bedeutet und umgekehrt.

4.5.4. *Transmissionsresonanz*

Wenn keine Mehrfachreflexionen im Inneren der Probe auftreten, fällt der Transmissionsfaktor in Abhängigkeit von der Probendicke nach einem Exponentialgesetz ab, das durch Gl. (4.30) dargestellt wird. Treten dagegen Mehrfachreflexionen auf, muß die Transmission einen relativen Maximalwert annehmen, wenn sich alle Teilwellen (siehe 4.5.1.) hinter der Probe phasengleich überlagern. Man spricht dann von Transmissionsresonanz.

Der einfachste Fall liegt vor, wenn man die Probe verlustfrei annimmt. Es ergibt sich dann eine der optischen Interferenz an einer planparallelen Platte analoge Erscheinung. Die Transmission nimmt für $d_x = k \dfrac{\lambda_0}{2\sqrt{\varepsilon_r}}$ den Wert Eins an und verschwindet für $d_x = \dfrac{(2k-1)\,\lambda_0}{4\sqrt{\varepsilon_r}}$ $(k = 1, 2, 3, \ldots)$ [56]. Sollen die Probenverluste berücksichtigt werden, formt man zur Berechnung der Probendicke, bei der Transmissionsresonanz auftritt, zunächst Gl. (4.29) um in

$$t = \frac{e^{-\alpha_m d_x}\, e^{-j\beta_m d_x} - |\varrho|^2\, e^{-\alpha_m d_x}\, e^{-j(\beta_m d_x - 2\varphi)}}{1 - |\varrho|^2\, e^{-2\alpha_m d_x}\, e^{-2j(\beta_m d_x - \varphi)}}$$

$$= \frac{e^{-\alpha_m d_x}\, e^{-j\varphi} - |\varrho|^2\, e^{-\alpha_m d_x}\, e^{j\varphi}}{e^{j(\beta_m d_x - \varphi)} - |\varrho|^2\, e^{-2\alpha_m d_x}\, e^{-j(\beta_m d_x - \varphi)}}.$$

Multipliziert man diesen Ausdruck mit seinem konjugiert komplexen, ergibt sich nach einigen Umformungen

$$|t|^2 = \frac{(1 + |\varrho|^4 - 2|\varrho|^2 \cos 2\varphi)\, e^{-2\alpha_m d_x}}{1 + |\varrho|^4\, e^{-4\alpha_m d_x} - 2|\varrho|^2\, e^{-2\alpha_m d_x} \cos 2(\beta_m d_x - \varphi)}. \tag{4.33}$$

Der Betrag des Transmissionsfaktors nimmt also, wenn die Dämpfung nicht zu groß ist, relative Maxima und Minima an. Für hinreichend kleine Dämpfung liest man aus Gl. (4.33) ab, daß relative Extrema auftreten, wenn $\cos 2(\beta_m d_x - \varphi)$ die Werte plus oder minus Eins annimmt. Es wird demnach für

$$d_{x\max} = \frac{k\pi}{\beta_m} + \frac{\varphi}{\beta_m}$$

maximale Transmission und für

$$d_{x\min} = \frac{(2k-1)\,\pi}{2\beta_m} + \frac{\varphi}{\beta_m}, \quad k = 1, 2, 3, \ldots$$

minimale Transmission eintreten. Unter der Voraussetzung, daß $\varepsilon' \gg 1$ und $\tan \delta_x \leqq 0{,}1$ sind, lassen sich in erster Näherung direkte Beziehungen zwischen den Probenlängen minimaler und maximaler Transmission einerseits und ε' und $\tan \delta_x$ andererseits gewinnen. Man findet nämlich aus

$$\varrho = \frac{\varkappa_0 - \varkappa}{\varkappa_0 + \varkappa},$$

wenn man die leere Leitung verlustlos annimmt, für den Phasenwinkel der Grenzflächenreflexion

$$\tan \varphi = \frac{2\alpha_m \beta_0}{(\beta_0^2 - \beta_m^2) - \alpha_m^2}$$

und kann dafür unter den oben gemachten Voraussetzungen näherungsweise

$$\varphi = -\frac{2\alpha_m \beta_0}{\beta_m^2}$$

schreiben. Setzt man darin $\beta_0 = 2\pi\varkappa_0/\lambda_0$ und $\beta_m = 2\pi\sqrt{\varepsilon'}/\lambda_0$ und schließlich aus Gl. (4.32) als Näherung

$$\tan \delta_x = \frac{2\alpha_m}{\beta_m},$$

dann ergibt sich

$$d_{x\max} = \frac{k\lambda_0}{2\sqrt{\varepsilon'}} - \frac{\lambda_0\varkappa_0}{2\pi\varepsilon'}\tan\delta_x,$$

$$d_{x\min} = \frac{(2k-1)\,\lambda_0}{4\sqrt{\varepsilon'}} - \frac{\lambda_0\varkappa_0}{2\pi\varepsilon'}\tan\delta_x.$$

Unter bestimmten Voraussetzungen können ε' und $\tan\delta_x$ also allein aus Messungen des Betrages des Transmissionsfaktors ermittelt werden. Durch Umstellen der Gleichungen findet man — unter der Annahme, daß sich für $d_{x\max}$ und $d_{x\min}$ aufeinanderfolgende Extremwerte der Transmission ergeben —

$$\varepsilon' = \left(\frac{\lambda_0}{4\cdot\Delta d_x}\right)^2,$$

$$\tan\delta_x = \frac{\pi^2}{2\beta_0}\frac{1}{\Delta d_x}\left(k - \frac{d_{x\max}}{2\Delta d_x}\right)$$

mit $\Delta d_x = d_{x\max} - d_{x\min}$. Eine andere Meßmöglichkeit ergibt sich aus dem Einstellen der Transmissionsresonanz bei fester Probenlänge d_x durch Verändern der Frequenz. Man findet dann ein Maximum der Transmission bei

$$d_x = \frac{k\pi}{\beta_{\max}} + \frac{\varphi}{\beta_{\max}}$$

und ein Minimum bei

$$d_x = \frac{(2k-1)\,\pi}{2\beta_{\min}} + \frac{\varphi}{\beta_{\min}}.$$

Setzt man wieder $\beta_m = 2\pi\sqrt{\varepsilon'}/\lambda_0$, so ergibt sich schließlich für aufeinanderfolgende Extremwerte (für $\Delta f \ll f_{\max}$)

$$\varepsilon' = \left(\frac{c_0}{4d_x\cdot\Delta f}\right)^2,$$

$$\tan\delta_x = \frac{\pi c_0}{4\varkappa_0 d_x\cdot\Delta f}\left(k - \frac{f_{\max}}{2\Delta f}\right)$$

mit $\Delta f = f_{\max} - f_{\min}$.

Abb. 60 zeigt eine einfache Meßanordnung, die mit Hilfe von zwei Richtkopplern die Messung des Betrages des Transmissionsfaktors gestattet. Allerdings gehen die Diodenkennlinien der Detektoren mit in die Auswertung ein [37].

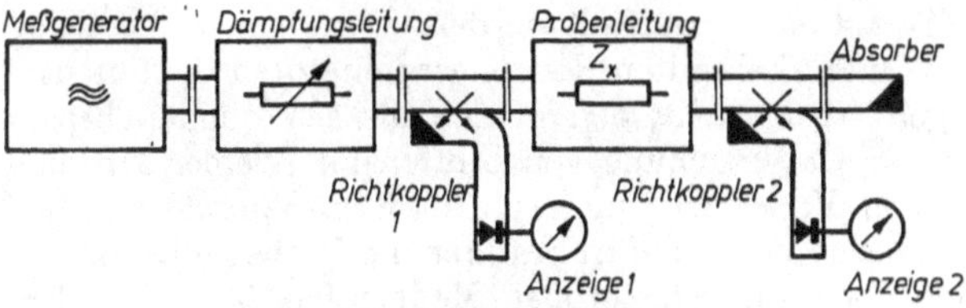

Abb. 60. Schaltung zur Messung des Betrages der Transmission

4.6. DK-*Messung in Leitungsresonatoren*

Wenn man einen Leitungsresonator mit einem Stoff ausfüllt, werden seine Resonanzeigenschaften verändert. Ähnlich wie das für die DK-Meßverfahren im Resonanzschwingkreis mit diskreten Bauelementen gezeigt worden war (Kap. 3), tritt eine Verschiebung der Resonanzfrequenz auf, die sich mit dem Realteil der elektromagnetischen Stoffkonstanten verknüpfen läßt, während

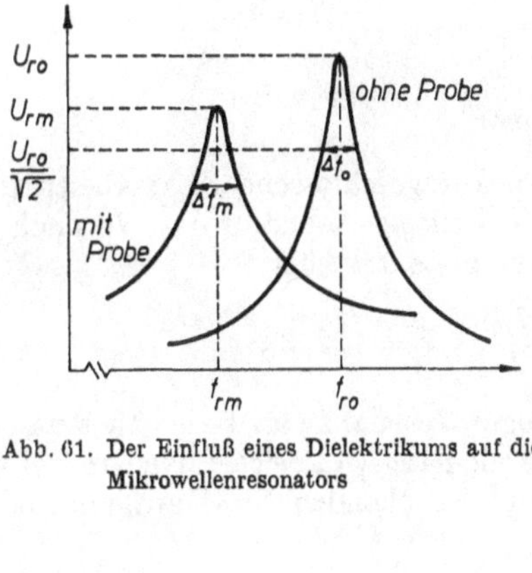

Abb. 61. Der Einfluß eines Dielektrikums auf die Resonanzeigenschaften eines Mikrowellenresonators

die dielektrischen und magnetischen Verluste des Stoffes eine Verbreiterung der Resonanzkurve, d. h. eine Verringerung der Güte des Resonators bewirken (Abb. 61). Diese Änderungen der Resonanzfrequenz und Güte können gemessen und daraus die elektromagnetischen Stoffkonstanten ermittelt werden.

Da man bei guten Leitungsresonatoren Güten von einigen 10^4 erreicht, eignen sich diese Methoden besonders zur Untersuchung von Stoffen mit kleiner DK und geringen Verlusten; unter bestimmten Voraussetzungen hinsichtlich Form und Anordnung der Probe im Resonator kann aber ein sehr großer Meßbereich ($\varepsilon' > 1 \cdots 10^3$; $\tan \delta_x = 10^{-5} \cdots 1$) erfaßt werden.

Wir wollen uns im folgenden wieder auf unmagnetische Dielektrika ($\mu_r = 1$) beschränken. Außerdem soll stets vorausgesetzt werden, daß die Probe nur eine kleine Änderung sowohl der Resonanzfrequenz ($\Delta f \ll f_r$) als auch der Güte ($\Delta Q \ll Q$) des Resonators hervorruft. In vielen Fällen lassen sich dann sehr einfache Näherungsgleichungen zur Berechnung von ε' und $\tan \delta_x$ angeben, auf die wir uns auch i. allg. beschränken wollen. Eine ausführliche Ableitung der Zusammenhänge zwischen der komplexen DK und den Resonanzeigenschaften aus der MAXWELLschen Theorie ginge ohnehin über den Rahmen dieser Darstellung hinaus; dazu muß auf spezielle Literatur verwiesen werden.

4.6.1. *Koaxialresonator*

Eine an beiden Enden kurzgeschlossene Koaxialleitung der Länge l stellt einen Leitungsresonator dar. Vernachlässigt man ihre Eigenverluste, tritt bei

$$l = \frac{k\lambda_{r0}}{2}, \quad k = 1, 2, 3, \ldots$$

(λ_{r0} Resonanzwellenlänge) Resonanz ein. Bezeichnet man mit λ_{rm} die Resonanzwellenlänge, die sich für einen vollständig mit dem zu untersuchenden Stoff ausgefüllten

Resonator ergibt, gilt

$$\varepsilon' = \left(\frac{\lambda_{r0}}{\lambda_{rm}}\right)^2.$$

Dazu wird bei konstanter Generatorfrequenz die Änderung $\Delta l = (\lambda_{r0} - \lambda_{rm})k/2$ der Resonanzlänge mittels eines meßbar verschiebbaren Kurzschlusses gemessen. Bestimmt man dagegen bei konstanter Resonatorlänge die Änderung $\Delta f = f_{r0} - f_{rm}$ der Resonanzfrequenz durch Abstimmen des Generators, gilt

$$\varepsilon' = \left(\frac{f_{r0}}{f_{rm}}\right)^2$$

(f_{r0}, f_{rm} Resonanzfrequenzen des leeren bzw. stoffgefüllten Resonators). Die Änderung Δl der Resonanzlänge läßt sich i. allg. mit größerer Genauigkeit messen als die Änderung Δf der Resonanzfrequenz. Bei sehr kleinen Änderungen Δl bzw. Δf kann man näherungsweise

$$\varepsilon' = 1 + 2\,\frac{\Delta l}{\lambda_{r0}} = 1 + 2\,\frac{\Delta f}{f_{r0}} \tag{4.34}$$

schreiben. Wenn die relative DK des untersuchten Stoffes nur wenig von Eins abweicht, muß bei der Leermessung die DK der Luft (s. Tab. 1) berücksichtigt werden. Gl. (4.34) ist dann durch

$$\varepsilon' = 2\,\frac{\Delta l}{\lambda_{r0}} + \varepsilon'_{\text{Luft}}$$

zu ersetzen. Für kleine Werte von ε', d. h. für geringe Änderungen der Resonanzfrequenz, kann der Verlustfaktor einfach als Differenz der Dämpfungen des stofferfüllten und des leeren Resonators angegeben werden:

$$\tan\delta_x = d_m - d_0 = \left(\frac{1}{Q_m} - \frac{1}{Q_0}\right).$$

Dieses Verfahren ist vor allem zur Untersuchung von Gasen geeignet. Bei Flüssigkeiten und Festkörpern wird die Probe meist nicht den gesamten Resonator ausfüllen, da dann Verstimmung und Dämpfung zu große Werte annehmen würden. Die Abb. 62a zeigt einen $\lambda/2$-Resonator

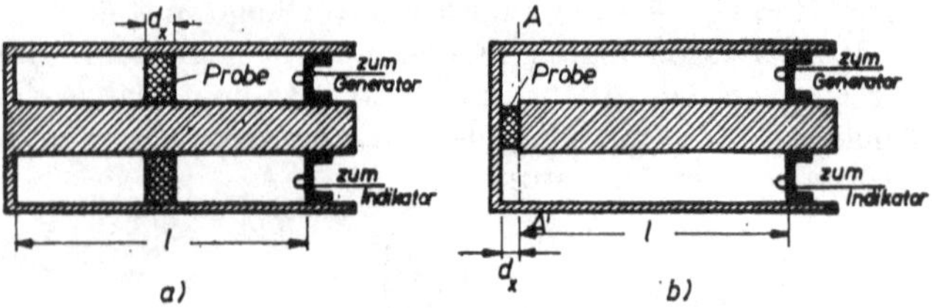

Abb. 62. Koaxialresonator
a) Probe am Ort maximaler elektrischer Feldstärke
b) Meßanordnung nach POINTON und WOODMAN [57]

mit einer dünnen dielektrischen Probe, die im Spannungsbauch der stehenden Wellen angeordnet ist. Ohne Probe gilt für die Resonatorgrundschwingung $l = \lambda_{r0}/2$. Die Probe vergrößert die elektrische Länge des Resonators, so daß für die neue Grundschwingung näherungsweise

$$\frac{\lambda_{rm}}{2} = l + d_x(\varepsilon' - 1)$$

gilt. Daraus folgt [37]

$$\varepsilon' = 1 + \frac{l}{d_x} \frac{\lambda_{rm} - \lambda_{r0}}{\lambda_{r0}}.$$

oder, wenn man die Resonanzfrequenzen als Meßgrößen annimmt,

$$\varepsilon' = 1 + \frac{l}{d_x} \frac{f_{r0} - f_{rm}}{f_{rm}}.$$

Dabei wird in beiden Fällen die Resonanz durch Verändern der Generatorfrequenz eingestellt. Wird dagegen der Resonator selbst bei konstanter Generatorfrequenz abgestimmt, gilt einfach

$$\varepsilon' = 1 + \frac{\Delta l}{d_x}.$$

Da nur ein Bruchteil des Resonators vom zu untersuchenden Stoff ausgefüllt ist und daher auch nur zur Güteänderung beiträgt, ergibt sich der Verlustfaktor näherungsweise (s. [37]) zu

$$\tan \delta_x = \frac{l}{d_x}\left(\frac{1}{Q_m} - \frac{1}{Q_0}\right).$$

Pointon und Woodman [57] schlagen eine Meßanordnung vor (Abb. 62b), die besonders zur Untersuchung von Stoffen mit großer relativer DK ($\varepsilon_r \geqq 100$) geeignet ist. Der Resonator setzt sich zusammen aus einem einseitig kurzgeschlossenen, koaxialen Leitungsstück und der zylindrischen Probe, die sich zwischen dem Ende des Mittelleiters und dem zweiten Kurzschluß befindet. Die Probenanordnung entspricht also der in dem bereits beschriebenen (Abschn. 4.3.) koaxialen Probenhalter. Dieses Meßverfahren läßt sich auch zur Untersuchung anisotroper Dielektrika verwenden. Betrachtet man die Probe zunächst einfach als Plattenkondensator, was sicher möglich ist, wenn die Probenabmessungen klein gegenüber der entsprechenden Wellenlänge im Probenmaterial sind (s. Gl. (4.26)), und vernachlässigt man die Dämpfung der Koaxialleitung, muß in der Fläche AA' (s. Gl. (4.14b) mit $Z_e = 0$)

$$Z_0 \tan \frac{2\pi}{\lambda_{0m}} \cdot l = \frac{1}{2\pi f_{rm} C_x}$$

(λ_{0m} die der Resonanzfrequenz f_{rm} des Resonators mit Probe entsprechende Wellenlänge) sein. Bei großen DK-Werten nimmt demnach das Argument $\frac{2\pi}{\lambda_{0m}} \cdot l$ sehr kleine Werte an. Dann erregt man den Resonator mit Probe zweckmäßig in der zweiten Harmonischen und vergleicht mit seiner Grundschwingung, wenn die Probe entfernt und der Kurzschluß an den Mittelleiter herangeschoben worden ist. Im ersten Fall muß die Länge l der Koaxialleitung um die kleine Länge Δl^* größer als die halbe Wellenlänge $\lambda_{0m}/2$ sein; im Abstand Δl^* von der Ebene AA' (Abb. 62b) befindet sich ein Spannungsknoten. Ohne Probe dagegen ist gerade $l = \lambda_0/2$. Damit findet man

$$\tan \frac{2\pi l}{\lambda_{0m}} = \tan \frac{2\pi}{\lambda_{0m}} \Delta l^* = \tan \pi \frac{\lambda_{r0} - \lambda_{0m}}{\lambda_{0m}}$$

$$= \tan \pi \frac{f_{rm} - f_{r0}}{f_{r0}}.$$

Bei sehr großen DK-Werten läßt sich schließlich der Tangens durch sein Argument ersetzen, und dann ist

$$\varepsilon' = \varepsilon_0 \frac{d_x}{\pi a^2} \cdot \frac{Z_0}{2} \left(\frac{1}{f_{r0}} - \frac{1}{f_{rm}} \right)$$

(a Radius der kreiszylindrischen Probe). Für genaue Messungen muß der Einfluß der Kopplungselemente, die den Resonator an Generator und Indikator anschließen, auf die Resonanzfrequenz berücksichtigt werden. Außerdem wirkt das in der Umgebung der Probe auftretende Streufeld wie eine Serieninduktivität zu C_x. Schließlich kann insbesondere bei sehr hohen Frequenzen die Probe nicht einfach als Plattenkondensator behandelt werden (s. auch 4.3.1.). Der Verlustfaktor läßt sich wieder aus der Messung der Resonatorgüten mit und ohne Probe ermitteln, wobei es jedoch zur Erzielung höherer Genauigkeiten notwendig ist, den Einfluß der Streuinduktivität auf die Güte zu berücksichtigen.

4.6.2. *Hohlraumresonatoren*

Ein allseitig leitend abgeschlossener Hohlraum stellt einen elektromagnetischen Resonator dar. Von den vielen möglichen Formen der Hohlraumresonatoren werden zur Stoffkonstantenmessung vor allem die kreiszylindrischen benutzt. Beschränkt man sich auf die Grundschwingungen, spricht man je nach der Feldkonfiguration vom E_{010}-Resonator bei Anregung einer transversalmagnetischen (TM-)Schwingung oder vom H_{011}-Resonator bei Anregung einer transversal-elektrischen (TE-) Mode (siehe z. B. [29]). Die Resonanzwellenlängen betragen für den E_{010}-Resonator

$$\lambda_{rE} = \frac{2\pi r_R}{x_{01}} \quad \text{mit} \quad x_{01} = 2{,}405$$

und für den H_{011}-Resonator

$$\lambda_{rH} = \frac{1}{\sqrt{\frac{1}{l^2} + \left(\frac{x'_{01}}{\pi r_R}\right)^2}} \quad \text{mit } x'_{01} = 3{,}832$$

(x_{01} 1. Nullstelle der BESSEL-Funktion 0. Ordnung; x'_{01} 1. Nullstelle der 1. Ableitung der BESSEL-Funktion 0. Ordnung; r_R, l Radius und Länge des Resonators). Die Wellenlänge der E_{010}-Resonanz ist demnach unabhängig von der Resonatorlänge. Damit entfällt aber auch die Möglichkeit, den Resonator selbst abzustimmen. Die Wellenlänge der H_{011}-Resonanz dagegen hängt auch von der Resonatorlänge l ab; der H_{011}-Resonator läßt sich daher mittels eines verschiebbaren Kurzschlußschiebers abstimmen. Allerdings können grundsätzlich im gleichen Frequenzbereich außer der H_{011}-Mode noch eine Anzahl anderer Moden auftreten, die dann eine eindeutige Auswertung unmöglich machen würden. Aus der Feldkonfiguration der H_{011}-Resonanz folgt aber, daß nur zirkulare Wandströme im Resonator auftreten. Der Kurzschlußschieber braucht also keinen galvanischen Kontakt zu den Resonatorwänden zu haben. Der zwischen dem Kurzschlußschieber und der Wand verbleibende Luftspalt bewirkt, daß andere als die H_{011}-Mode sehr stark gedämpft werden. Die Dämpfung unerwünschter

Moden kann durch eine auf der Rückseite des Abstimmschiebers angebrachte Absorptionsschicht zusätzlich erhöht werden. Die Güte von H_{011}-Resonatoren kann bedeutend höhere Werte als die von E_{010}-Resonatoren erreichen.

Füllt man den ganzen Resonator mit dem zu untersuchenden Stoff aus — bei der Untersuchung von Gasen und von Flüssigkeiten mit kleiner DK und geringen Verlusten —, gelten zur Berechnung der DK für den E_{010}-Resonator die gleichen Beziehungen wie für den Koaxialresonator. Für den mit einem Dielektrikum ausgefüllten H_{011}-Resonator ergibt sich eine Wellenlänge

$$\lambda_m = \frac{\lambda_0}{\sqrt{\varepsilon' - \left(\frac{\lambda_0}{\lambda_g}\right)^2}} \quad \text{mit } \lambda_g = \frac{x'_{01}}{2 r_R}$$

(λ_0 Wellenlänge im freien Raum, λ_g Grenzwellenlänge der H_{01}-Welle), wenn man ε'' von vorn herein gegenüber ε' vernachlässigt, und ε' ergibt sich damit aus der Messung der Resonanzfrequenz und den daraus berechneten Wellenlängen zu

$$\varepsilon' = \left(\frac{\lambda_0}{\lambda_{rm}}\right)^2 + \left(\frac{\lambda_0}{\lambda_g}\right)^2. \tag{4.35}$$

Wie beim Koaxialresonator muß die DK der Luft berücksichtigt werden, wenn die DK des untersuchten Stoffes nur wenig von Eins abweicht. Der Verlustfaktor ergibt sich sowohl beim E_{010}- als auch beim H_{011}-Resonator wie beim Koaxialresonator als Differenz der Dämpfungen des leeren und des gefüllten Resonators.

Einen H_{011}-Resonator mit einer festen Stoffprobe, die als flache Scheibe an einem Ende des Resonators angebracht ist, zeigt Abb. 63a. Auf Grund der Feldkonfiguration kann allerdings nur die DK isotroper Dielektrika gemessen werden. Bei senkrecht stehendem Resonator ist dieses Verfahren auch zur Untersuchung von Flüssigkeiten geeignet. Zur Bestimmung der Wellenlänge λ_m in der Probe betrachten wir die Impedanz der Probeneingangsfläche. Vernachlässigt man die Dämpfung, muß in dieser Ebene für die Grundschwingung des Resonators

$$-jZ_0 \tan \frac{2\pi}{\lambda_L} (l - d_x) = jZ_m \tan \frac{2\pi}{\lambda_m} d_x$$

sein. Da wir uns auf unmagnetische Materialien beschränkt hatten, ergibt sich daraus als Bestimmungsgleichung für λ_m

$$\lambda_m \tan \frac{2\pi}{\lambda_m} d_x + \lambda_L \tan \frac{2\pi}{\lambda_L} (l - d_x) = 0$$

(λ_L, λ_m Wellenlängen der H_{01}-Welle in Luft bzw. im Dielektrikum). Diese transzendente Gleichung kann entweder graphisch oder mittels Iterationsverfahren ausgewertet werden. ε' ergibt sich schließlich einfach nach Gl. (4.35), wobei lediglich λ_{rm} durch λ_m zu ersetzen ist. Der Verlustfaktor kann aus der Änderung der Güte des Resonators mit Probe im Vergleich zum leeren Resonator bestimmt werden, wobei zu berücksichtigen ist, daß die Probe nur einen Bruchteil des H_{011}-Resonators ausfüllt, was auf sehr umständliche Auswertungen führt [58].

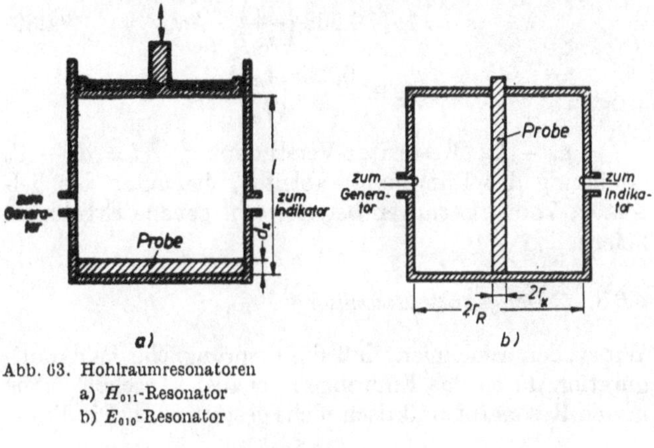

Abb. 63. Hohlraumresonatoren
a) H_{011}-Resonator
b) E_{010}-Resonator

Die Abb. 63b zeigt einen E_{010}-Resonator mit einer stabförmigen Probe ($r_x \ll r_R$), die in der Resonatorachse, d. h. am Ort maximaler elektrischer Feldstärke, angeordnet ist. Dieses Verfahren ist, da nur eine axiale Komponente des elektrischen Feldes auftritt, auch zur Untersuchung anisotroper Dielektrika geeignet. Die gleiche Methode kann zur Messung der DK und des Verlustfaktors von Pulvern, Flüssigkeiten und Gasen verwendet werden, wenn man einen röhrchenförmigen Probenbehälter aus einem dielektrisch isotropen Material benutzt [59, 60]. Die exakte Herleitung des Zusammenhanges zwischen dem Realteil der DK und der Resonatorverstimmung bzw. zwischen dem Verlustfaktor der Probe und der Änderung der Dämpfung des Resonators erfolgt aus den Feldgleichungen unter Berücksichtigung der Randbedingungen. Diese fordern, daß die Tangentialkomponente des elektrischen Feldes an der Resonatorwand ($r = r_R$) verschwindet und elektrische und magnetische Feldstärke an der Probenoberfläche ($r = r_x$) stetig sind (siehe z. B. [28, 61]). Macht man den Probenradius genügend klein im Vergleich zum Radius des Resonators ($r_x \leqq 0{,}05\, r_R$), lassen sich daraus die einfachen Näherungsgleichungen [28, 37]

$$\varepsilon' \doteq 1 + 0{,}538 \left(\frac{r_R}{r_x}\right)^2 \frac{\Delta f}{f_{r0}}, \qquad (4.36)$$

$$\tan \delta_x = \frac{0{,}239}{\varepsilon'} \left(\frac{r_R}{r_x}\right)^2 \Delta d$$

($\Delta f = f_{r0} - f_{rm}$ Resonator-Verstimmung, $\Delta d = d_m - d_0$ Änderung der Dämpfung) ableiten, die unter den geltenden Voraussetzungen bereits recht genaue Ergebnisse liefern.

4.6.3. *Der gestörte Resonator*

Wir wollen annehmen, daß die ursprüngliche Feldkonfiguration durch das Einbringen der dielektrischen Probe in den Resonator praktisch nicht gestört wird. Die Probe wird dazu als dünner Stab am Ort maximaler elektrischer Feldstärke im Hohlraumresonator angeordnet, und ihr Volumen V_x muß hinreichend klein gegenüber dem Volumen V_R des Resonators sein. Man spricht dann vom gestörten Resonator. Der zeitliche Mittelwert der im leeren Resonator gespeicherten elektrischen Energie beträgt

$$\overline{W}_{\mathrm{el}} = \frac{\varepsilon_0}{2} \int\limits_{V_R} E^2 \, \mathrm{d}V$$

und ändert sich dann durch die Probe nur um den kleinen Betrag

$$\overline{\Delta W}_{\mathrm{el}} = \frac{\varepsilon_0}{4} \int\limits_{V_x} (\varepsilon_r - 1)\, E^2 \, \mathrm{d}V .$$

Unter den geltenden Voraussetzungen und bei ausreichend loser Kopplung des Resonators an die Meßschaltung ist der Quotient aus dem zeitlichen Mittelwert der Energie und der Resonanzfrequenz konstant. Den Einfluß der Probe faßt man als Störung der Resonanz auf und kann dann die Energieänderung mit der Änderung der Resonanzeigenschaften durch die Gleichung

$$\frac{\overline{W}}{\omega} = \frac{\overline{\Delta W}}{\Delta\omega}$$

verknüpfen, wobei die Dämpfung des Resonators durch einen komplexen Ansatz

$$\omega = \omega' - j\omega'' = \omega' \left(1 - j\,\frac{1}{2Q}\right)$$

für die Resonanzfrequenz berücksichtigt wird. Für einen Resonator genügend großer Güte läßt sich damit der Störungsansatz [62]

$$\frac{\Delta\omega}{\omega} = \frac{\Delta f}{f_{r0}} - j\Delta\left(\frac{1}{2Q}\right) = \frac{\overline{\Delta W}}{\overline{W}} \qquad (4.37)$$

machen, der für $|\gamma_m r_x|^2 \ll 1$ eine ausreichende Näherung liefert. Wenn diese Bedingung nicht mehr erfüllt ist, lassen sich auch noch höhere Näherungen angeben (z. B. [24, 62]). Für die bei diesem Verfahren häufig verwendeten H_{10i}-Rechteck-Resonatoren nimmt die Störungsgleichung (4.37) unter Berücksichtigung der Feldgleichungen die Form [24, 63, 64]

$$\frac{\Delta f}{f_{r0}} - j\Delta\left(\frac{1}{2Q}\right) = (\varepsilon_r - 1)\,\frac{2V_x}{V_R}$$

an. Daraus ergibt sich ohne weitere Vernachlässigungen

$$\varepsilon' = 1 + \frac{\Delta f}{f_{r0}}\,\frac{V_R}{2V_x} = 1 + \frac{f_{r0} - f_{rm}}{f_{r0}}\,\frac{V_R}{2V_x},$$

$$\varepsilon'' = \Delta\left(\frac{1}{Q}\right)\frac{V_R}{4V_x} = \left(\frac{1}{Q_m} - \frac{1}{Q_0}\right)\frac{V_R}{4V_x}.$$

Für $r_x \ll r_R$ kann diese Störungsrechnung auch auf den E_{010}-Resonator mit stabförmiger Probe (Abb. 63b) angewendet werden [62]. Es ergibt sich

$$\frac{\Delta\omega}{\omega} = \frac{1}{2[J_1(x_{01})]^2}\left(\frac{r_x}{r_R}\right)^2(\varepsilon_r - 1),$$

und daraus folgen ohne weitere Vernachlässigungen die beiden Gleichungen (4.36).

4.6.4. *Gütemessung an Resonatoren*

Die zur Stoffkonstantenmessung benutzten Resonatoren werden meist als Durchgangsresonatoren geschaltet und dabei sowohl durch den Innenwiderstand des Generators als auch durch den Lastwiderstand des Detektors belastet. Nur im Grenzfall sehr loser Ankopplung kann man direkt die Güte Q_u des unbelasteten Resonators, die bei den oben beschriebenen Meßverfahren in die Berechnung des Verlustfaktors eingeht, aus der Resonanzkurve der übertragenen Leistung ermitteln. Wenn sich diese Forderung nicht erfüllen läßt, kann man Q_u aus der Güte Q_l des belasteten Resonators und dem Betrag seines Übertragungsfaktors $ü$ nach der Beziehung [29]

$$Q_u = \frac{Q_l}{1 - |ü|}$$

ermitteln. Der Betrag des Übertragungsfaktors wird aus

$$|ü|^2 = \frac{P_{l\,\max}}{P_0}$$

($P_{l\,\max}$ bei Resonanz übertragene Leistung; P_0 ohne zwischengeschalteten Resonator an den Verbraucher abgegebene Leistung) bestimmt. Der bei dieser Messung verwendete Leistungsmesser muß angepaßt sein [37]. Q_l wird aus der Resonanzfrequenz und der Halbwertsbreite der Resonanzkurve der übertragenen Leistung berechnet.

Einfache Mikrowellengeneratoren weisen meist keine zur Messung der großen Gütewerte ($10^3 \cdots 10^4$) und kleinen relativen Verstimmungen ($\sim 10^{-3} \cdots 10^{-4}$) ausreichende Frequenzstabilität auf, sondern müssen elektronisch stabilisiert werden (siehe z. B. [26, 28]), damit man mit anderen Verfahren vergleichbare Meßgenauigkeiten erzielen kann. Das bedingt einen großen schaltungstechnischen Aufwand. Andererseits lassen sich Wobbelmeßverfahren aufbauen (z. B. [37, 64]), die bei guter Genauigkeit eine besonders einfache Auswertung der Messungen ermöglichen.

4.6.5. *Dielektrische Resonanz*

Bei den bisher beschriebenen Höchstfrequenz-Resonanzverfahren wird entweder ein allseitig leitend begrenzter Hohlraum oder eine beidseitig kurzgeschlossene Koaxialleitung als elektromagnetischer Resonator benutzt. BELL und RUPPRECHT [65, 66] beschreiben eine Methode, bei der eine kugelförmige dielektrische Probe unmittelbar selbst als Resonator dient. Dieses Verfahren ist besonders zur Untersuchung von Stoffen mit großer relativer DK geeignet.

Wenn man $\varepsilon' \gg 1$ annimmt, ist die Wellenlänge in der Probe sehr viel kleiner als im freien Raum. Die dielektrische Resonanz niedrigster Ordnung tritt ein, wenn annähernd die Beziehung $2a = \lambda_0/\sqrt{\varepsilon'}$ erfüllt ist (a Probenradius). Der genaue Wert der DK ergibt sich aus der Lösung der Gleichung

$$\frac{\frac{\mathrm{d}}{\mathrm{d}(ka)}[kaJ_n(ka)]}{J_n(ka)} = \frac{\frac{\mathrm{d}}{\mathrm{d}(k_0a)}[H_n^{(1)}(k_0a)]}{H_n^{(1)}(k_0a)}$$

($H_n^{(1)}$ 1. Typ der HANKEL-Funktion n-ter Ordnung). Für $\varepsilon' \gg 1$ und $|k_0a| < 1$ ergibt sich daraus als ausreichende Näherung

$$\varepsilon' = \left(\frac{x_{nm}}{k_0a}\right)^2 = \left(\frac{x_{nm}}{\pi}\right)^2 \left(\frac{\lambda_0}{2a}\right)^2$$

(x_{nm} m-te Wurzel der BESSEL-Funktion $(n - 1)$-ter Ordnung). Die verwendete Meßanordnung, die die Messung der DK als Funktion der Temperatur gestattet, zeigt Abb. 64. Vor der eigentlichen Messung wird die Brücke mit dem Tuner so abgeglichen, daß kein Ausgangssignal auftritt, wenn die Probe keine Resonanz zeigt. Dadurch kann eine Fehlanpassung der Probenleitung, hervorgerufen durch die Probe, ausgeglichen werden. Wenn dann bei der Frequenz f_r dielektrische Resonanz eintritt, wird das Brückengleichgewicht gestört; der Indikator zeigt ein Signal an. Die Resonanzfrequenz wird mit dem Wellenmesser bestimmt.

Es leuchtet ein, daß dieses Verfahren nur für isotrope

Dielektrika angewendet werden kann. Die schwierige Probenpräparation wird seine Anwendungsmöglichkeiten weiter einschränken.

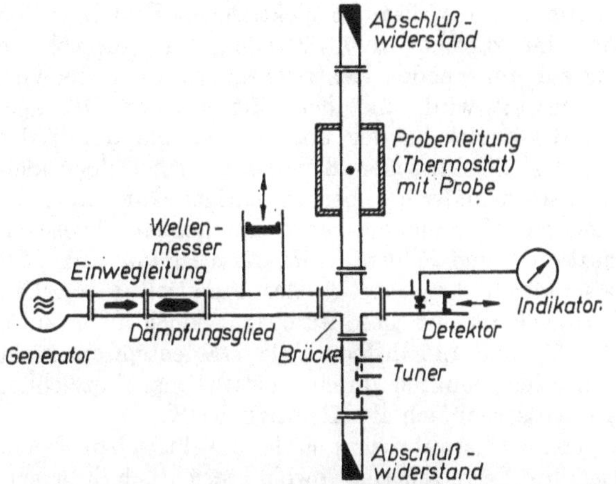

Abb. 64. Meßplatz zur Bestimmung der dielektrischen Resonanz kugelförmiger Proben (nach RUPPRECHT und BELL [66])

5. Dielektrische Messungen an nichtlinearen Dielektrika

Die dielektrischen Eigenschaften linearer Dielektrika sind durch die Angabe der komplexen Dielektrizitätskonstanten — oder des Dielektrizitätstensors, sofern es sich um einen anisotropen Stoff handelt — hinreichend charakterisiert. Allenfalls sind Hinweise auf die Temperatur- und Frequenzabhängigkeit der relativen DK und des Verlustfaktors erforderlich.

Nicht so einfach liegen die Verhältnisse bei den nichtlinearen Dielektrika. Es war bereits im Abschnitt 1.1.3. darauf hingewiesen worden, daß für diese sowohl bei der Definition als auch bei der Messung der DK zusätzliche Bedingungen formuliert bzw. eingehalten werden müssen, um zu eindeutigen und reproduzierbaren Aussagen zu gelangen. So unterscheidet man zwischen der statischen DK $\varepsilon_{\text{stat}}$, zu deren Bestimmung die gesamte Polarisation zum wirksamen elektrischen Feld bzw. die gesamte im dielektrischen Kondensator gespeicherte Ladung zur anliegenden elektrischen Spannung ins Verhältnis gesetzt wird, und der differentiellen DK $\varepsilon_{\text{diff}}$, die nur die Änderung der Polarisation und damit der Ladung des dielektrischen Kondensators bei einer kleinen Feldstärkeänderung berücksichtigt. Gilt ein zwar nichtlinearer, aber eindeutiger Zusammenhang zwischen Polarisation P und Feldstärke E, dann ist $\varepsilon_{\text{diff}} = \mathrm{d}P(E)/\mathrm{d}E$, also gleich dem Anstieg der Funktion $P = P(E)$. Bei Ferroelektrika ist diese Funktion jedoch mehrdeutig (s. Abb. 5), und die differentielle DK entspricht nicht mehr in allen Punkten ihrem Anstieg; man bezeichnet sie dann besser einfach als Kleinsignal-DK.

Die genaue Charakterisierung der dielektrischen Eigenschaften von Ferroelektrika sowohl hinsichtlich ihrer verschiedenen technischen Anwendungsmöglichkeiten als auch betreffs Fragen der Grundlagenforschung macht weitere Angaben erforderlich, wie Aussagen über das Umschaltverhalten und die Hystereseeigenschaften. Dabei ist es häufig wünschenswert, die dielektrischen im Zusammenhang mit anderen Eigenschaften zu untersuchen. Für diese Aufgaben ist eine Anzahl spezieller Meßverfahren entwickelt worden, über die in diesem Kapitel ein kurzer Überblick gegeben werden soll.

5.1. DK-*Messung bei überlagertem Gleichfeld*

In der Regel läßt sich bei den in den vorangegangenen Kapiteln beschriebenen DK-Meßverfahren die Amplitude des Meßwechselfeldes so klein machen, daß man bei ausreichender Empfindlichkeit und Genauigkeit die Kleinsignal-DK bestimmt. Eine Ausnahme bilden lediglich die Güte-Meßverfahren, bei denen es infolge der Resonanz zu großen Feldamplituden im Dielektrikum kommen kann.

Bei nichtlinearen Dielektrika hängt die DK vom Polarisationszustand ab. Zur Untersuchung der DK eines Stoffes in Abhängigkeit von seiner Polarisation ist es erforderlich, gleichzeitig mit dem Meßwechselfeld ein Gleichfeld definierter Größe und Richtung an die Probe anzulegen. Allerdings kann unmittelbar nur die Funktion $\varepsilon = \varepsilon(E)$ gemessen werden, nicht aber die Funktion $\varepsilon = \varepsilon(P)$. Wollte man auf diese Weise die DK als Funktion der Polarisation bestimmen, müßte außerdem die Funktion $P = P(E)$ gemessen werden. Aus den beiden Ergebnissen $\varepsilon = \varepsilon(E)$ und $P = P(E)$ läßt sich dann die Feldstärke eliminieren und $\varepsilon = \varepsilon(P)$ explizit darstellen. Wir werden später aber auch direkte Verfahren zur Messung dieser Funktion kennenlernen.

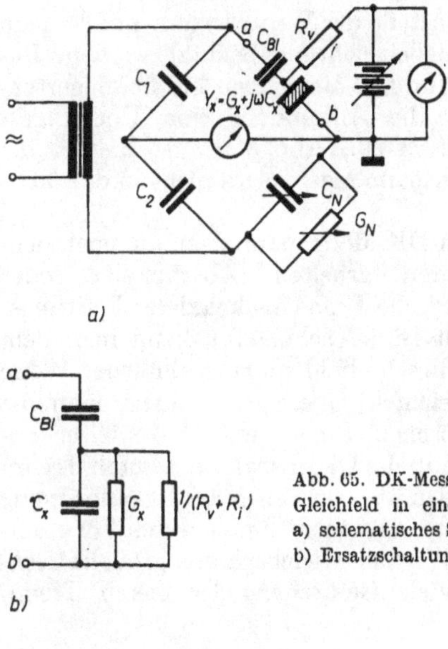

Abb. 65. DK-Messung bei überlagertem Gleichfeld in einer WHEATSTONE-Brücke
a) schematisches Schaltbild
b) Ersatzschaltung der gemessenen Impedanz

Die Abb. 65a zeigt schematisch den Stromlaufplan einer Meßanordnung zur Bestimmung der DK in Abhängigkeit vom überlagerten Gleichfeld bei Verwendung einer WHEATSTONE-Brücke. Der Trennkondensator C_{Bl} hält die Gleichspannung von der übrigen Meßschaltung fern. Da er in Serie zur unbekannten Admittanz Y_x der Probe liegt, muß seine Kapazität genügend groß im Vergleich zur Probenkapazität C_x sein, damit er das Meßergebnis möglichst wenig beeinflußt (Richtwert: $C_{Bl} \geqq 100\, C_x$). In Serie zur Gleichspannungsquelle wird ein Vorwiderstand R_v geschaltet, der so bemessen sein soll, daß die aus ihm und dem Innenwiderstand R_i der Gleichspannungsquelle resultierende Impedanz groß gegenüber $|Z_x| = |1/Y_x|$ ist. In jedem Fall muß der Einfluß von C_{Bl} und $R_v + R_i$ auf das Meßergebnis anhand einer Ersatzschaltung für die gemessene Impedanz (Abb. 65b) abgeschätzt werden. Der Widerstand R_v schützt gleichzeitig die Gleichspannungsquelle im Fall eines Probendurchschlages vor Überlastung.

Prinzipiell kann anstelle der WHEATSTONE-Brücke jede andere Kapazitätsmeßeinrichtung benutzt werden. Besonders vorteilhaft für DK-Messungen bei überlagertem Gleichfeld ist aber die Anwendung von Übertragerbrücken (s. Abschn. 2.3.9., Abb. 31d), da hierbei die Impedanz des Gleichspannungszweiges nicht in das Meßergebnis eingeht.

Auch in koaxialen DK-Meßapparaturen, die nach dem Transmissionsverfahren arbeiten (Abschn. 4.5.) oder in denen die dielektrische Probe als koaxialer Leistungsabschluß angeordnet ist (Abschn. 4.3.), kann man dem hochfrequenten Meßwechselfeld in ganz ähnlicher Weise ein zusätzliches Gleichfeld überlagern, indem man die Gleichspannung zwischen Innen- und Außenleiter anlegt. Auch hierbei muß die Gleichspannung durch Trennkondensatoren von den übrigen Teilen der Meßanordnung und die hochfrequente Wechselspannung durch Vorwiderstände und Filter von der Gleichspannungsquelle ferngehalten werden. Viele Gerätehersteller bieten Trennkondensatoren und Gleichspannungszuführungen als Zubehör zu ihren koaxialen Admittanzmeßplätzen an, die an die übrigen koaxialen Bauteile mechanisch und elektrisch angepaßt sind.

Bei allen derartigen Meßanordnungen ist zu beachten, daß beim Probendurchschlag durch die Entladung der Trennkondensatoren kurzzeitig Spannungsimpulse großer Amplitude im Meßkreis auftreten, die zu Folgeschäden in der Meßanordnung führen können, vor allem wenn diese empfindliche Halbleiterbauelemente enthält. Das kann sowohl die verwendete Meßbrücke als auch extern angeschlossene Geräte wie Generatoren und Indikatoren betreffen.

Bei DK-Messungen in Hohlleitern nach dem Transmissionsverfahren läßt sich ebenfalls ein Gleichfeld überlagern. Die Abb. 66 zeigt die schematischen Schnitt-

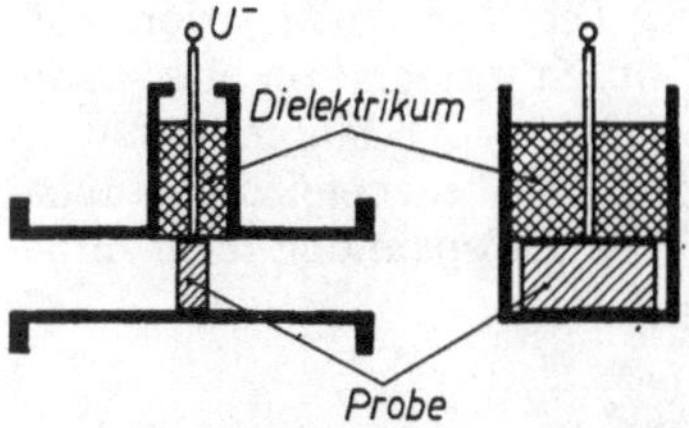

Abb. 66. Probenhalterung zur DK-Messung bei überlagertem Gleichfeld im X-Band nach dem Transmissionsverfahren (schematisch, nach SCHMITT [42])

zeichnungen einer dafür geeigneten Probenhalterung (nach SCHMITT [42], vgl. auch JÄCKLE [43]). Ein Stück der Metallwand der Hohlleiter-Breitseite wurde durch ein Dielektrikum mit großer relativer DK ($\varepsilon' = 1550$) und großem Verlustfaktor ($\tan \delta = 0{,}57$) ersetzt, durch das hindurch ein Pol der Gleichspannungsquelle an die Probe geführt wird. Der andere Pol wird direkt mit dem Hohlleiter verbunden. Die Probe trägt auf den entsprechenden Flächen Metallelektroden und wird an diesen

Flächen zur Vermeidung von Luftspalten mit Quecksilber genau in den Hohlleiter eingepaßt. Um Überschläge der Gleichspannung zu verhindern, füllt die Probe den Hohlleiter in der Breite nicht vollständig aus. Der dadurch hervorgerufene Passungsluftfehler kann aber bei geringen Verlusten und größeren DK-Werten gegenüber anderen Meßfehlern vernachlässigt werden (s. dazu Abschn. 4.2.7.).

5.2. *Messung der dielektrischen Hysterese*

Ausgehend von dem bereits 1930 von Sawyer und Tower [67] angewendeten Verfahren ist inzwischen eine Anzahl verschiedener Methoden zur Aufzeichnung der dielektrischen Hysterese entwickelt worden. Die Probe ist dabei als dielektrischer Plattenkondensator ausgebildet, an den ein zeitlich veränderliches elektrisches Feld großer Amplitude angelegt wird. Die der Polarisation entsprechende Ladung wird durch Integration des Ladestromes gemessen. Die bekannten Verfahren gestatten Hysteresemessungen in einem Frequenzbereich von ungefähr 10^{-4} bis 10^{5} Hz, wobei die Meßspannung nicht unbedingt sinusförmig sein muß.

5.2.1. Sawyer-Tower-*Schaltung*

Das Prinzip der von Sawyer und Tower entwickelten Meßschaltung ist in Abb. 67 dargestellt. In Serie zum Probenkondensator liegt ein Integrationskondensator C_s. An diese Serienschaltung wird eine harmonische Wechselspannung angelegt. Da bei in Serie geschalteten Kondensatoren alle Elektroden gleichgroße Ladungen tragen, bestimmt der Verschiebungsstrom I_v durch die Probe die Ladung Q_s auf dem Integrationskondensator. Damit ist die an C_s gemessene Spannung

$$U_s = \frac{Q_s}{C_s} = \frac{1}{C_s} \int I_v \, \mathrm{d}t = \frac{A_x}{C_s} D \quad .$$

(A_x Elektrodenfläche der Probe, D dielektrische Verschiebung in der Probe). Wählt man $C_s \gg C_x$, fällt praktisch die gesamte Generatorspannung U_G am Probenkondensator ab, d. h., es ist

$$U_G = U_x + U_s \approx U_x = d_x E$$

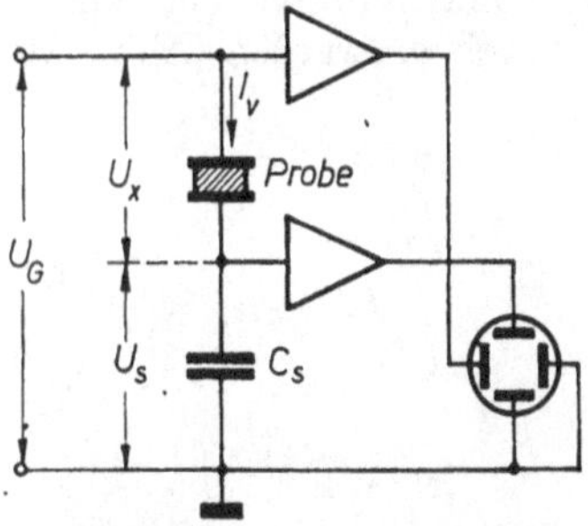

Abb. 67. Sawyer-Tower-Schaltung

(d_x Probendicke, E Feldstärke in der Probe). Auf dem Oszillographen wird also, da die Abmessungen des Probenkondensators und die Kapazität des Integrationskondensators Konstanten der Messung sind, unmittelbar die Funktion $D = D(E)$ aufgezeichnet. Bei den großen DK-Werten von Ferroelektrika kann der Vakuumanteil $\varepsilon_0 E$ der dielektrischen Verschiebung meist gegenüber der Polarisation vernachlässigt werden; man kann also in guter Näherung die Verschiebung mit der Polarisation gleichsetzen. Die aufgezeichnete Kurve kann daher auch als Funktion $P = P(E)$ gedeutet werden. Allerdings muß man die Probe verlustfrei annehmen und voraussetzen, daß die Eingangsimpedanz des Vertikalverstärkers hinreichend groß gegenüber $1/\omega C_s$ ist (ω Kreisfrequenz der Meßwechselspannung), und daß zwischen den Ausgängen der beiden Meßverstärker keine Phasenverschiebung auftritt. Unter diesen Voraussetzungen gestattet dieses Meßverfahren in einfacher Weise, die dielektrische Hysterese auch in Abhängigkeit von anderen Parametern wie der Probentemperatur oder der Frequenz des Meßwechselfeldes zu untersuchen. Aus dem Oszillogramm lassen sich die spontane Polarisation P_s, die remanente Polarisation P_r und die Koerzitivfeldstärke E_c direkt ablesen. Die spontane Polarisation ergibt sich dabei durch Extrapolieren des linearen Teiles des Sättigungszweiges der Hysteresekurve nach $E = 0$, während P_r und E_c an den Schnittpunkten der Kurve mit den Koordinatenachsen abgelesen werden (Abb. 68).

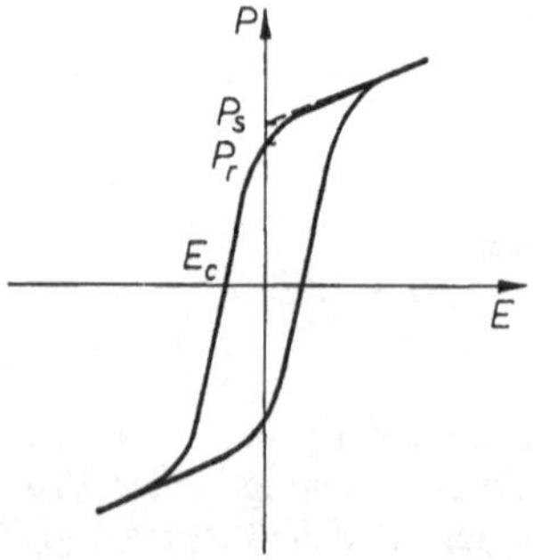

Abb. 68. Ferroelektrische Hysterese

Wesentliche Fehlerquellen, die die Hysteresekurve verfälschen können, sind bei diesem einfachen Verfahren Phasenverschiebungen zwischen den beiden oszillographisch dargestellten Spannungen, die ihre Ursache in den Probenverlusten, in den unterschiedlichen Impedanzen der beiden Teilzweige des Meßkreises — hier spielt vor allem die Eingangsimpedanz des Vertikalverstärkers zusammen mit der Integrationskapazität C_s eine Rolle — sowie in unterschiedlichen Phasendrehungen der beiden Meßverstärker haben können. Den Einfluß der Meßschaltung kann man in Abhängigkeit von der Meßfrequenz mittels eines zusätzlichen Phasenschiebers ausgleichen, den man vor den Horizontalverstärker des Oszillographen schaltet. Der Einfluß der Probenverluste läßt sich nach Sinha [68] eliminieren, wenn man dem

Integrationskondensator C_s einen Widerstand R_s parallel schaltet (Abb. 69). Der Verlustleitwert G_x der Probe ruft dann keine Phasenverschiebung mehr hervor, wenn

$$\frac{C_x}{G_x} = R_s C_s$$

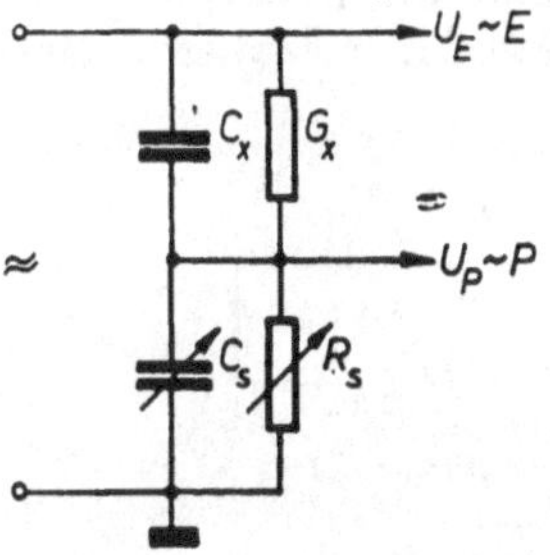

Abb. 69. Modifizierter SAWYER-TOWER-Kreis (nach SINHA [68])

ist. Der endliche Eingangswiderstand R_e des Vertikalverstärkers verursacht einen Integrationsfehler, der sich bei einer harmonischen Meßspannung ebenfalls als Phasenverschiebung äußert. Damit dieser vernachlässigbar bleibt, muß die Integrationszeitkonstante τ_{int} der Meßschaltung der Bedingung $\tau_{\text{int}} = R_e C_s \gg t_{\text{meß}}$ ($t_{\text{meß}}$ Meßzeit, z. B. Periodendauer der Meßwechselspannung) genügen. Dadurch wird bei vorgegebenem R_e die Frequenz der Meßspannung nach unten begrenzt. Zwar ist es auch für eine genaue Messung der Feldstärke vorteilhaft, den Integrationskondensator möglichst groß zu machen, aber da mit der Vergrößerung von C_s die abgegriffene Spannung U_s absinkt, kann C_s nicht beliebig groß gemacht werden. Der Integrationsfehler verschwindet aber vollständig, wenn τ_{int} gleich der Zeitkonstante $\tau_x = C_x/G_x$ der Probe ist.

Mißt man die Spannung an C_s mit einem Elektrometerverstärker, kann man die dielektrische Hysterese auch quasistatisch, d. h. mit einem sehr langsam veränderlichen Meßfeld aufzeichnen ($t_{\text{meß}} \gg 1$ s). Sind die Probenverluste vernachlässigbar, genügt dazu die einfache, in

Abb. 70 gezeigte Meßschaltung [69], wobei der Katodenstrahloszillograph durch einen Koordinatenschreiber ersetzt wurde. Der Einfluß der Probenverluste läßt sich auch bei dieser Meßschaltung durch einen Parallelwiderstand zu C_s kompensieren.

Insbesondere bei höheren Frequenzen der Meßspannung kann es zu Meßfehlern durch die Erwärmung der Probe infolge ihrer großen, durch das periodische Um-

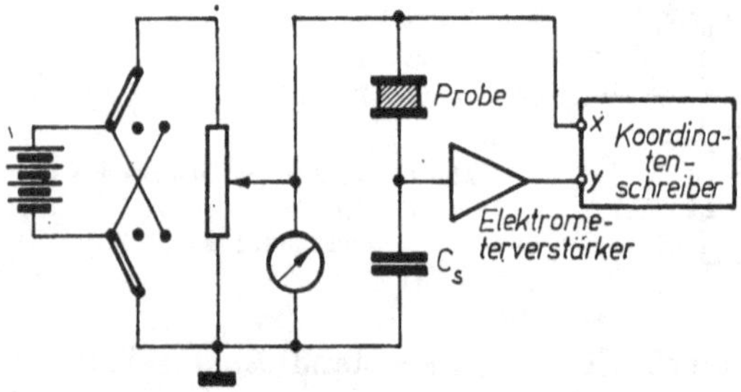

Abb. 70. SAWYER-TOWER-Schaltung zur quasistatischen Aufzeichnung der Hysterese (schematisch, nach WIEDER [69])

schalten der spontanen Polarisation bedingten dielektrischen Verluste kommen. Die von der Hysteresekurve umschlossene Fläche ist ein Maß für die in einer Periode in Wärme umgewandelte elektrische Energie. Der zeitliche Mittelwert dieser dissipierten Energie — und damit die dielektrische Probenerwärmung — läßt sich vernachlässigbar klein machen, wenn die Meßspannung nur kurzzeitig (in größeren zeitlichen Abständen für die Dauer von wenigen Perioden) an die Probe gelegt wird. Dabei ergab sich experimentell eine gute Reproduzierbarkeit der aufgezeichneten Hysteresekurven, wenn die Meßspannungsamplitude innerhalb eines Meßintervalles exponentiell bis auf ihren Maximalwert ansteigt und ebenso exponentiell auf Null abfällt. Dieser Amplitudenverlauf läßt sich mit Hilfe von Bandpässen mittlerer Güte erreichen, die dem Meßspannungsgenerator und der Torschaltung nachgeschaltet sind [70]. Bei einem getasteten Generator, der in jedem Meßintervall neu anschwingt, ergibt sich ohnehin ein derartiger Amplitudenverlauf.

5.2.2. *Hysteresebrücken*

Eine Erweiterung der Meßschaltung durch einen weiteren SAWYER-TOWER-Kreis zu einer Hysteresebrücke (Abb. 71) bietet bessere Möglichkeiten der Kompen-

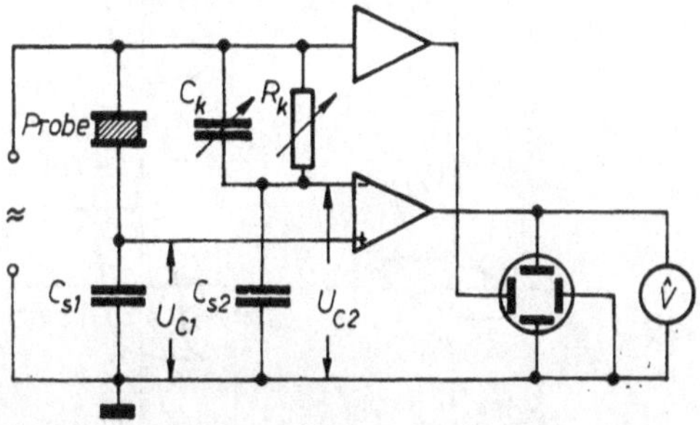

Abb. 71. Hysteresebrücke (nach DIAMANT u. a. [71])

sation der Probenleitfähigkeit und gestattet es, allein den interessierenden ferroelektrischen Anteil der Polarisation (s. Abschn. 1.1.3.) darzustellen [71]. Dazu wird der Verlustleitwert G_x der Probe im Vergleichszweig durch einen Kompensationswiderstand R_k und ihr dielektrisch linearer Anteil — also auch der Vakuumanteil $\varepsilon_0 E$ der Verschiebung — durch eine Kompensationskapazität C_k nachgebildet. Die an den Integrationskondensatoren C_{s1} und C_{s2} entstehenden Spannungen werden einem Differenzenverstärker zugeführt, dessen Ausgangssignal bei richtiger Kompensation allein dem ferroelektrischen Anteil der Polarisation der Probe entspricht. Die Abb. 72 soll das näher veranschaulichen. In Abb. 72a ist die in einer einfachen SAWYER-TOWER-Schaltung

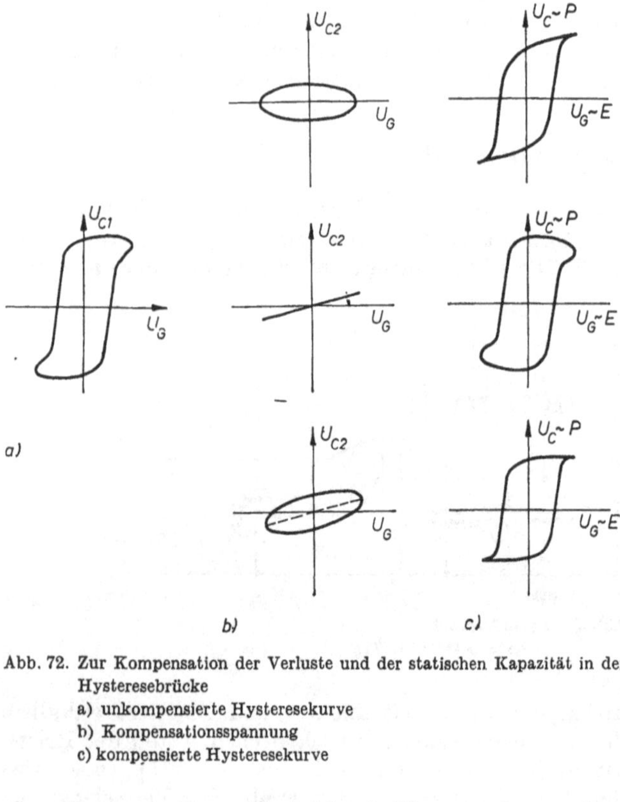

Abb. 72. Zur Kompensation der Verluste und der statischen Kapazität in der Hysteresebrücke
a) unkompensierte Hysteresekurve
b) Kompensationsspannung
c) kompensierte Hysteresekurve

ohne Kompensation aufgezeichnete Hysteresekurve einer verlustbehafteten Probe dargestellt. Mittels R_k läßt sich der den Verlusten entsprechende Anteil der Signalspannung an C_{s2} nachbilden; er würde auf dem Oszillographen eine Ellipse ergeben (Abb. 72b oben). Die Differenzbildung ergibt die in Abb. 72c oben gezeigte kompensierte Hysteresekurve; durch den dielektrisch linearen Anteil der Probenkapazität steigen die Sättigungszweige dieser Hysteresekurve proportional zur elektrischen Feldstärke an. Ganz entsprechend läßt sich mit C_k der dielektrisch lineare Anteil der Probenkapazität nachbilden; die Spannung an C_{s2} würde in der oszillographischen Darstellung eine Gerade ergeben (Abb. 72b Mitte). Durch die Differenzbildung $U_{C1} - U_{C2}$ erhält man die in Abb. 72c Mitte dargestellte Hysteresekurve. Die gleichzeitige Kompensation dieser beiden Anteile (Abb. 72b unten) führt schließlich auf eine Hysteresekurve mit waagerechten Sättigungszweigen (Abb. 72c unten). Die spontane Polarisation P_s ist also dem Scheitelwert $\hat{U}_C = \hat{U}_{C1} - \hat{U}_{C2}$ proportional und läßt sich daher unmittelbar an einem entsprechend geeichten Spitzenvoltmeter ablesen (Abb. 71).

Ein anderer Hysteresekurvenschreiber, der ebenfalls

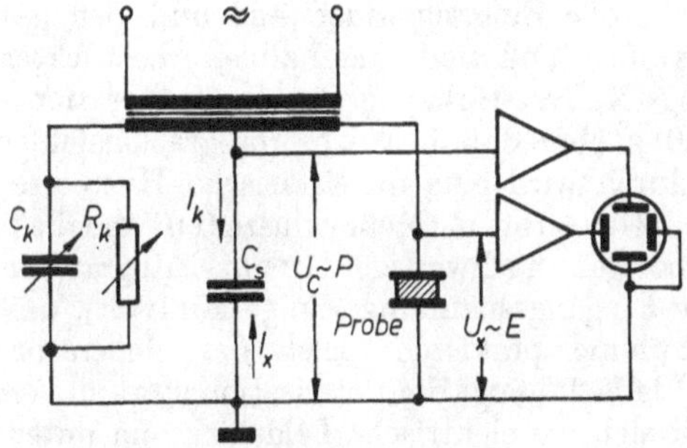

Abb. 73. Hysteresebrücke nach SCHUBRING u. a. [72]

eine Brückenschaltung verwendet, ist von SCHUBRING, NOLTA und DORK [72] entwickelt worden (Abb. 73). Die Meßspannung wird über einen Gegentaktübertrager der Probe und dem Kompensationskreis gegenphasig zugeführt. Im Integrationszweig sind daher Kompensationsstrom I_k und Probenstrom I_x entgegengesetzt gerichtet. Dadurch wird die Differenzbildung unmittelbar durch den Integrationskondensator C_s vorgenommen. Da sowohl die Probe als auch der Integrationskondensator einseitig geerdet sind, sind die daran abgegriffenen Spannungen ohne zusätzliche Vernachlässigungen der elektrischen Feldstärke bzw. — bei richtiger Kompensation — dem nichtlinearen Anteil der Polarisation proportional, während im SAWYER-TOWER-Kreis eine um die Spannung am Integrationskondensator zu große Probenspannung gemessen wird.

5.2.3. *Hysteresekurvenschreiber mit* MILLER-*Integrator*

Die Ladungsmessung läßt sich verbessern, wenn man den Integrationskondensator durch einen MILLER-Integrator ersetzt. Dieser besteht aus einem invertierenden Verstärker, der über einen Kondensator C_g vom Ausgang auf den Eingang gegengekoppelt wird [73]. Die hohe Stabilität, der große Eingangswiderstand und der geringe Ausgangswiderstand moderner, halbleiterbestückter Gleichspannungs-Meßverstärker gestatten Integrationszeiten bis zu 10^4 s, ohne daß merkliche Integrationsfehler auftreten. Dadurch wird eine quasistatische Hysteresemessung mit sehr großen Meßzykluszeiten möglich. Außerdem benötigen hochwertige MILLER-Integratoren eine so geringe Eingangsspannung (einige Millivolt), daß die Probenspannung praktisch gleich der Generatorspannung ist. Vielfach hängt die Polarisation stark davon ab, wie schnell sich die elektrische Feldstärke im untersuchten Dielektrikum ändert. Dann ist die Verwendung einer genügend langsam veränderlichen, dreieckförmigen Meßspannung vorteilhaft, da sie eine über den gesamten Meßzyklus konstante Änderungsgeschwindigkeit aufweist. Der Aufbau als Hysteresebrücke gestattet es, wie bereits beschrieben, sowohl die Verluste als auch die lineare Kapazität der Probe einschließlich ihrer Halterung zu kompensieren. Schließlich erlaubt die Aufzeichnung der gemessenen Funktion mit einem Koordinatenschreiber eine viel bequemere und genauere Auswertung als die mittels eines Katodenstrahloszillographen.

Ausgehend von diesen Grundgedanken wurden von verschiedenen Autoren Meßgeräte zur quasistatischen

Aufzeichnung der dielektrischen Hysterese entwickelt und beschrieben (z. B. [74, 75]), die auf Grund der technischen Parameter, die man mittels der modernen Halbleiterelektronik erzielt, eine Vielzahl dielektrischer Untersuchungen ermöglichen. Das schematische Blockschaltbild eines solchen Gerätes, das in seiner Grundfunktion der Aufzeichnung der dielektrischen Hysterese dient, zeigt Abb. 74. Die Meßspannung mit einer regelbaren

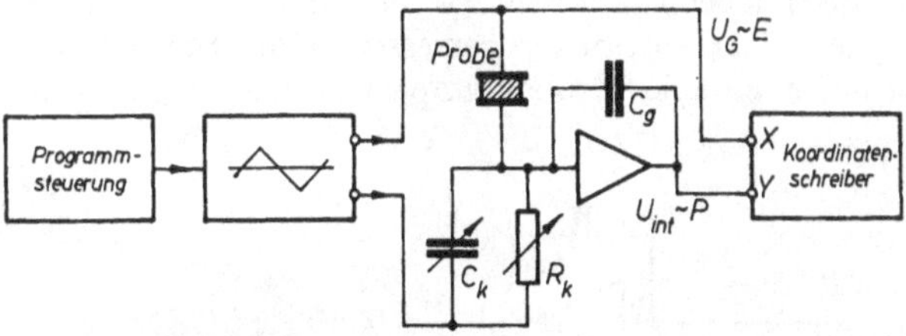

Abb. 74. Hysteresekurvenschreiber mit MILLER-Integrator (schematisches Blockschaltbild, nach [75])

Amplitude bis zu 2 kV und einer zwischen 30 s und 60 min einstellbaren Periodendauer wird von einem speziellen, nach einem Integrationsverfahren arbeitenden Dreieckspannungsgenerator [76] erzeugt und an die Probe angelegt. Auf Grund der hohen Meßspannung und der großen Meßzeiten werden allerdings an die Isolation der Meßspannungszuführung und der Probenhalterung höchste Ansprüche gestellt. Zur Kompensation der Verluste und der linearen Kapazität der Probe einschließlich ihrer Halterung kann dem Integratoreingang ein Strom zugeführt werden, den ein zum eigentlichen Meßspannungsausgang gegenphasiger Ausgang des Meßspannungsgenerators liefert, und der durch R_k und C_k eingestellt wird. Ein Programmgeber steuert den Meßspannungsgenerator so, daß die Aufzeichnung der Hysteresekurve wahlweise bei $E = 0$ oder $E = +E_{max}$ bzw. $E = -E_{max}$ beginnt und endet oder aber periodisch erfolgt [76].

5.2.4. *Anwendungsbeispiele*

Auf Grund der großen zulässigen Integrationszeiten kann die Integratoreinheit auch für andere quasistatische Ladungsmessungen verwendet werden. Als Beispiel zeigt Abb. 75a das Blockschaltbild einer Anordnung zur Messung der pauschalen Polarisation einer polaren Probe als Funktion der Temperatur. Die Probe wird bei einer Temperatur $T < T_c$ im elektrischen Gleichfeld gepolt und anschließend erwärmt, wobei die abfließende Ladung mit dem Integrator gemessen wird. Ein Thermopaar liefert eine der Probentemperatur T analoge Gleich-

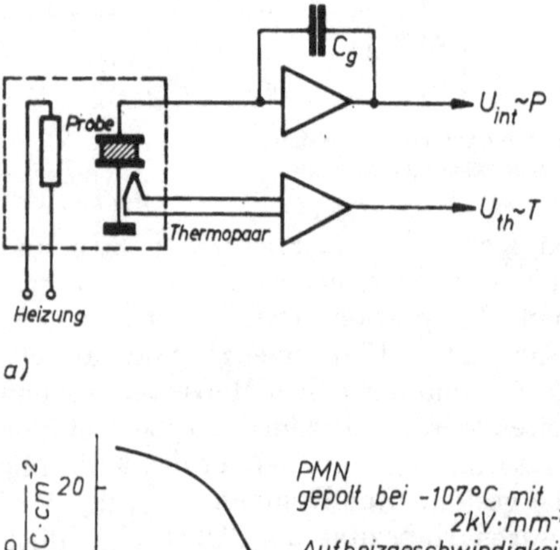

a)

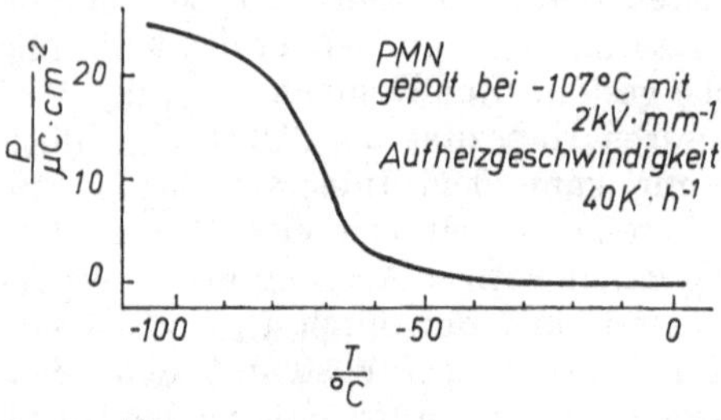

b)

Abb. 75. Messung der Polarisation als Funktion der Temperatur (nach [75])
a) Blockschaltbild (schematisch)
b) Meßbeispiel (gemessen an Blei-Magnesium-Niobat)

spannung. Mit einem Koordinatenschreiber wird unmittelbar die Funktion $P = P(T)$ registriert (Abb. 75b).

Die Kombination des Hystereseschreibers mit einer DK-Meßanordnung nach der Strom-Spannungs-Methode ermöglicht es, die Kleinsignal-DK wahlweise als Funktion der elektrischen Feldstärke E oder der Polarisation P oder die dielektrische Hysterese der Probe aufzuzeichnen. Dazu wird der Ausgangsspannung des Dreieckspannungsgenerators über einen Transformator eine harmonische Wechselspannung kleiner Amplitude überlagert (Abb. 76a). Der Widerstand R entkoppelt den Integrator aus-

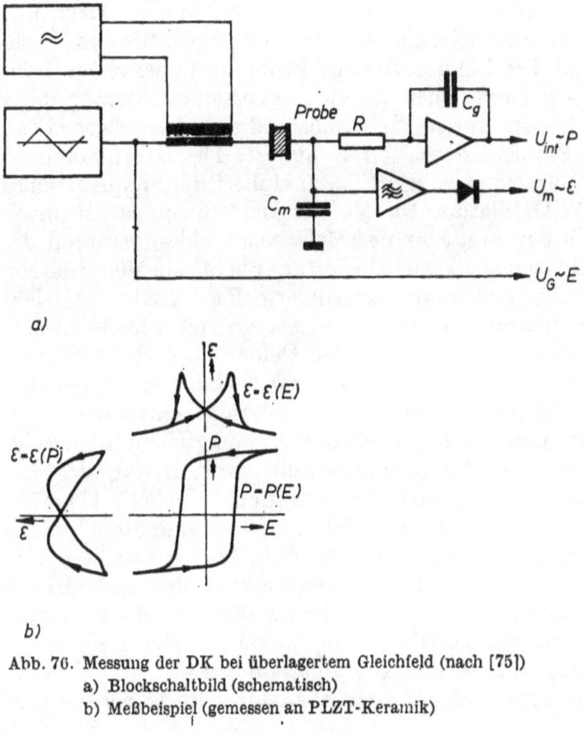

Abb. 76. Messung der DK bei überlagertem Gleichfeld (nach [75])
a) Blockschaltbild (schematisch)
b) Meßbeispiel (gemessen an PLZT-Keramik)

reichend von dieser Wechselspannung, wenn $R \gg 1/\omega C_m$ ist. Am Meßkondensator C_m fällt eine Spannung ab, die der Kleinsignal-DK proportional ist (s. Abschn. 2.2.). Durch selektive Verstärkung und anschließende Gleichrichtung wird sie in eine der DK analoge Gleichspannung umgeformt, die dem Koordinatenschreiber zugeführt wird. Durch entsprechende Registrierung können die Funktionen $\varepsilon = \varepsilon(E)$ und $\varepsilon = \varepsilon(P)$ unmittelbar zur Hysteresekurve in Beziehung gesetzt werden (Abb. 76b).

Legt man an einen ferroelektrischen Kondensator ein elektrisches Feld an, wird er infolge seiner Piezoelektrizität mechanisch deformiert (z. B. [4]). Die Deformation S kann mit einem Mikrodehnungsmeßplatz als Funktion der elektrischen Feldstärke gemessen werden. Dazu legt man an die Probe ein niederfrequentes elektrisches Wechselfeld. Die Deformation der Probe wird über einen Keramikstab auf einen kleinen Plattenkondensator C_{mod} übertragen, dessen Plattenabstand sich also entsprechend der Probendeformation S ändert. Die so entstandene Kapazitätsänderung ΔC_{mod} moduliert die Frequenz eines UKW-Oszillators. Die Modulationsfrequenz ist demnach gleich der Frequenz des Meßwechselfeldes, während der Modulationshub ein Maß für die Probendeformation darstellt. Das frequenzmodulierte HF-Signal wird selektiv verstärkt. Ein Diskriminator erzeugt schließlich eine Signalspannung U_D, die der Deformation S direkt proportional ist, wenn diese hinreichend klein gegenüber dem Plattenabstand des Modulationskondensators ist. Stellt man die Diskriminatorspannung U_D in Abhängigkeit von der Meßspannung oszillographisch dar, zeigt das Oszillogramm direkt die Funktion $S = S(E)$ [77, 78]. Die Kombination eines solchen Mikrodehnungsmeßplatzes mit dem Hystereseschreiber (Abb. 77a) gestattet es nun, die Dehnung S wahlweise als Funktion der Feldstärke E oder der Polarisation P oder die dielektrische Hysterese quasistatisch aufzuzeichnen, wobei anstelle des Oszillographen wieder ein Koordinatenschreiber benutzt wird. Durch entsprechend maßstabsrichtige Registrierung können die elektromechanischen und dielektrischen Eigenschaften der Probe einander eindeutig zugeordnet werden (Abb. 77b).

Schließlich kann der Hystereseschreiber mit einem elektrooptischen Meßplatz kombiniert werden (Abb. 78a), der der Bestimmung der Änderung Δn des Brechungsindex in Abhängigkeit vom elektrischen Feld dient. Da-

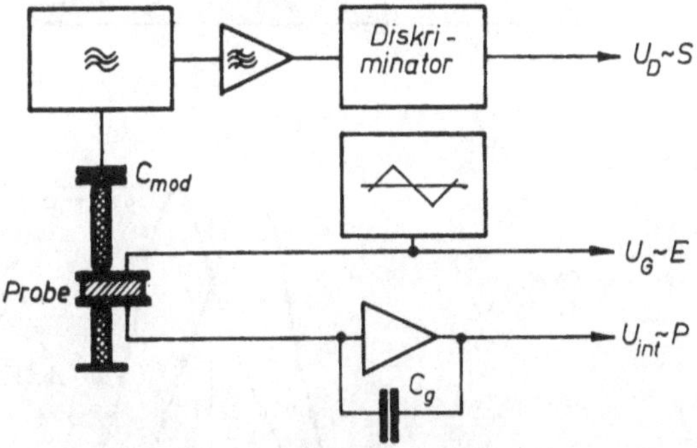

a)

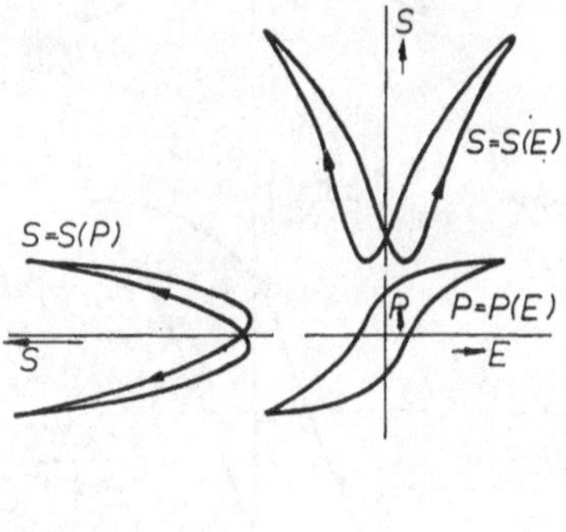

b)

Abb. 77. Messung der piezoelektrischen Dehnung S als Funktion der elektrischen Variablen E und P (nach [75])

a) Blockschaltbild (schematisch)

b) Meßbeispiel (gemessen an Blei-Magnesium-Niobat)

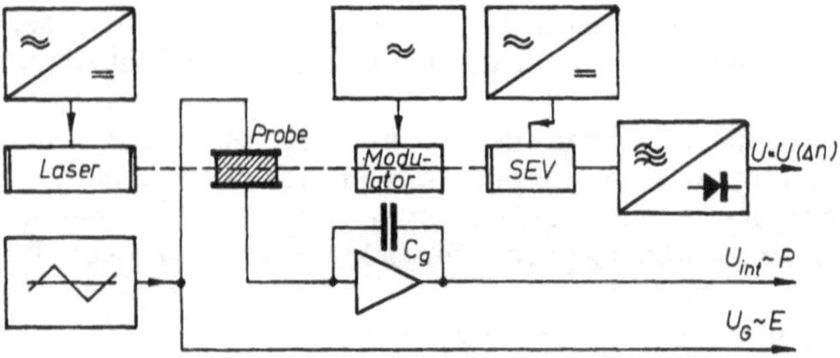
Probe
Laser
Modulator
SEV
U=U(Δn)
Cg
Uint~P
UG~E

a)

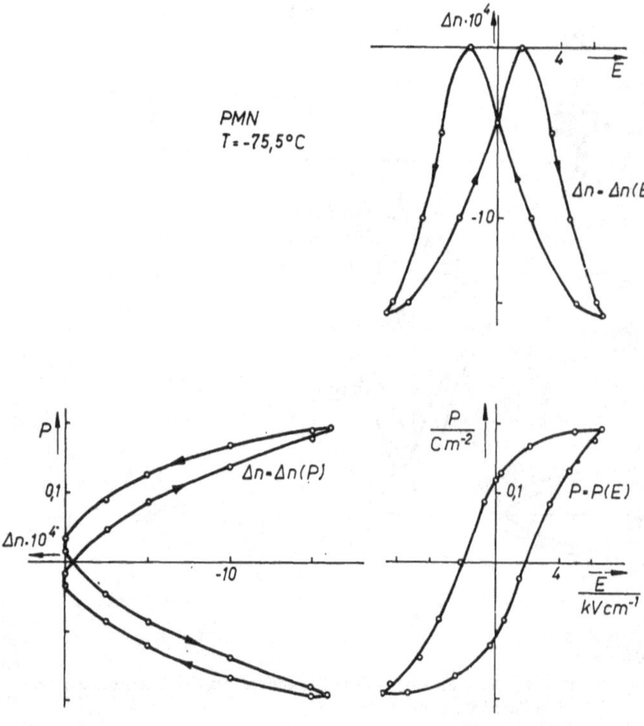
Δn·10⁴
4
E
PMN
T=-75,5°C
Δn=Δn(E)
-10
P
0,1
Δn=Δn(P)
Δn·10⁴
-10
P
Cm⁻²
0,1
P=P(E)
4
E
kVcm⁻¹

b)

durch kann wahlweise die Abhängigkeit von Δn vom elektrischen Feld E oder der Polarisation P untersucht werden [79]. Allerdings ist es bei diesem Verfahren nicht möglich, die gesuchten Funktionen unmittelbar graphisch darzustellen. Vielmehr muß aus dem Ausgangssignal des optischen Empfängers, eines Sekundärelektronenvervielfachers, das der aufgenommenen Lichtintensität proportional ist, erst die Änderung des Brechungsindex berechnet werden [80]. Die gleichzeitige Registrierung der vom SEV aufgenommenen Intensität und der dielektrischen Polarisation als Funktion des elektrischen Feldes gestattet es aber, nach der Auswertung eine genaue Zuordnung der elektrooptischen zu den dielektrischen Eigenschaften der Probe vorzunehmen (Abb. 78b).

5.3. *Messung dielektrischer Nichtlinearitäten bei höheren Frequenzen*

Die quasistatische Messung der DK in Abhängigkeit von der Polarisation führt zu falschen Ergebnissen, wenn sich in der Probe Raumladungen ausbilden. Diese Raumladungen können durch Ladungsträgerdiffusion in den Grenzschichten des Probenmaterials mit den Elektroden entstehen und wirken wie eine zusätzliche Polarisation. Der Aufbau der Raumladungen erfolgt mit einer Relaxationszeit τ_{rel}, die bei einer bestimmten Probe ebenso wie die Größe der Ladungen vom Elektrodenmaterial abhängt. Diese Raumladungen können sich nicht ausbilden, wenn man entweder Elektroden benutzt, die zum Probenmaterial einen rein ohmschen Kontakt darstellen,

---

Abb. 78. Messung des Zusammenhanges zwischen elektrooptischen und dielektrischen Eigenschaften (nach [79])
a) Blockschaltbild (schematisch)
b) Meßbeispiel (gemessen an Blei-Magnesium-Niobat)

oder wenn die Polarisation der Probe nicht mehr quasistatisch, sondern mit einem Wechselfeld erfolgt, dessen Periodendauer hinreichend klein gegenüber der Relaxationszeit τ_{rel} ist.

DROUGARD u. a. [81, 82] beschreiben eine Methode, bei der eine SAWYER-TOWER-Schaltung zur Messung der Polarisation mit einer Kapazitätsmeßbrücke zur Bestim-

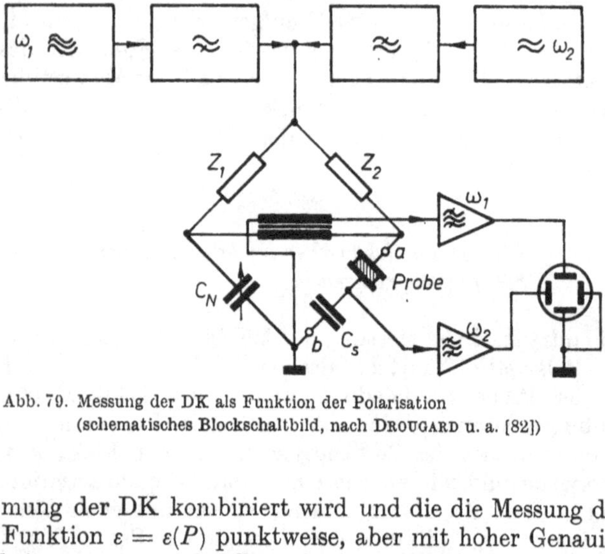

Abb. 79. Messung der DK als Funktion der Polarisation (schematisches Blockschaltbild, nach DROUGARD u. a. [82])

mung der DK kombiniert wird und die die Messung der Funktion $\varepsilon = \varepsilon(P)$ punktweise, aber mit hoher Genauigkeit gestattet, wobei Raumladungseffekte ausgeschlossen werden können (Abb. 79). Die Serienschaltung von Probe und Integrationskondensator C_s wird zwischen den Meßklemmen a und b einer Kapazitätsmeßbrücke angeschlossen. Zusätzlich zu der hochfrequenten Meßspannung $U_1 = \hat{U}_1 \sin \omega_1 t$ zur Bestimmung der Kleinsignal-DK wird in die Brücke eine niederfrequente Wechselspannung $U_2 = \hat{U}_2 \sin \omega_2 t$ großer Amplitude eingespeist, die die Probe periodisch umpolt, wobei $\omega_1 \gg \omega_2 \gg 1/\tau_{rel}$ und $\hat{U}_2 > E_c d_x$ (d_x Probendicke) sein muß. Durch entsprechende Filter werden die beiden Spannungsquellen voneinander entkoppelt. Die Brückenausgangsspannung (Frequenz ω_1) und die am Integrationskondensator C_s abgegriffene Spannung (Frequenz ω_2) werden selektiv verstärkt. Auf dem Oszillographen wird das Ausgangssignal der Brücke als Funktion der Polarisation aufgeschrieben. Nach diesem Oszillogramm kann der Brückenabgleich für bestimmte Werte der Polarisation vorgenommen werden. Bei der Auswertung muß man natürlich berücksichtigen, daß in der Brücke die Gesamtimpedanz der aus Probe und Integrationskondensator bestehenden Serienschaltung gemessen wird. Vernachlässigt man die Probenverluste, gilt einfach

$$C_x = \frac{C' C_s}{C_s - C'}$$

(C' gemessene Kapazität).

Ein anderes Verfahren zur Messung der nichtlinearen dielektrischen Konstanten ist von Matsuda und Abe [83] entwickelt worden. Legt man an einen nichtlinearen Kondensator eine harmonische Wechselspannung, muß der Verschiebungsstrom höhere Harmonische enthalten, kann also durch eine Fourier-Reihe dargestellt werden. Andererseits liefert die thermodynamische Theorie für nichtlineare Dielektrika den Zusammenhang zwischen elektrischer Feldstärke und Polarisation ebenfalls in Form einer Reihenentwicklung (z. B. [6]). Matsuda und Abe stellen nun einen Zusammenhang her zwischen den Amplituden der einzelnen Harmonischen des Verschiebungsstromes — den Fourier-Koeffizienten — und den Entwicklungskoeffizienten der thermodynamischen Theorie. Der Verschiebungsstrom wird als Spannungsabfall an einem in Serie zur Probe geschalteten Widerstand R_s gemessen; hochselektive Filter und ein selektiver Verstärker gestatten es, die Harmonischen getrennt zur Anzeige zu bringen (Abb. 80). Dem Meßgenerator ist ein hochselektives Filter nachgeschaltet, um Fehler durch bereits vom Generator erzeugte höhere Harmonische auszuschließen.

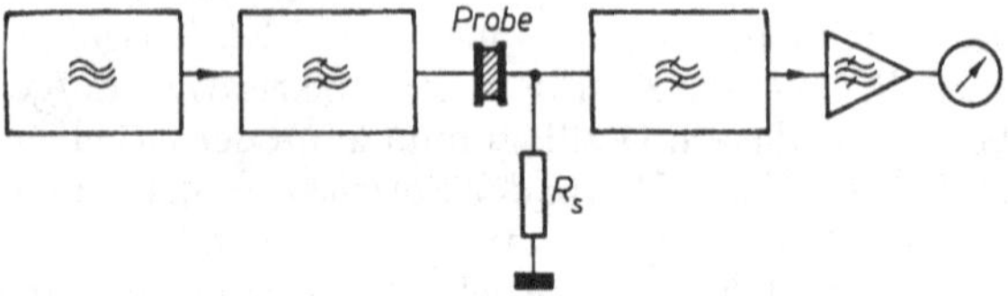

Abb. 80. Messung nichtlinearer dielektrischer Konstanten nach MATSUDA und ABE [83]
(schematisches Blockschaltbild)

5.4. *Impulsmethoden zur Untersuchung des Umschaltverhaltens von Ferroelektrika*

Eine andere Möglichkeit zur Charakterisierung bestimmter dielektrischer Eigenschaften der Ferroelektrika bietet die Untersuchung der Polarisation bei Einwirkung eines sprunghaft veränderlichen elektrischen Feldes. Da das Umschalten der ferroelektrischen Polarisation mit endlicher Geschwindigkeit erfolgt, erhält man unterschiedliche Hysteresekurven je nach der Änderungsgeschwindigkeit des elektrischen Feldes. Ändert sich die Feldstärke hinreichend langsam, stellt sich zu jedem Momentanwert von E praktisch der Gleichgewichtswert der Polarisation ein. Bei schnelleren Änderungen der Feldstärke zeigt die Polarisation Relaxationserscheinungen. Diese lassen sich bei Messungen mit harmonischen Wechselspannungen meist nicht von den Relaxationserscheinungen trennen, die durch die Probenverluste und den Meßkreis selbst verursacht werden (s. Abschn. 5.2.1.). Außerdem treten vor allem bei höheren Meßfrequenzen zusätzliche Fehler durch die dielektrische Erwärmung der Probe auf. Untersucht man dagegen das Dielektrikum mittels eines rechteckigen Spannungsimpulses, kann man den zeitlich ausgedehnten Übergangsprozeß aus einem Polarisationszustand in einen anderen mit der im Idealfall momentanen Änderung der elektrischen Feldstärke vergleichen. Unter bestimmten Voraussetzungen spiegelt der zeitliche Verlauf des Meßsignales unmittelbar das Relaxationsverhalten der Polarisation wider [84]. Durch die Wahl des Tastverhältnisses der Meßspannungsimpulse kann die dielektrische Erwärmung vernachlässigbar gering gemacht werden.

Andererseits sollten sich theoretisch für die remanente Polarisation P_r und die Koerzitivfeldstärke E_c bestimmte Werte ergeben; in einer ferroelektrischen Probe sollten Felder, die kleiner als die Koerzitivfeldstärke sind, gar keinen Einfluß auf die remanente Polarisation haben. Tatsächlich weicht aber das beobachtete Verhalten stark von diesen theoretischen Erwartungen ab. So können bereits Impulse, bei denen die wirksame Feldstärke beträchtlich unterhalb E_c liegt, nach wiederholtem Einwirken den Polarisationszustand der Probe remanent verändern (z. B. [85]). Dagegen muß, bedingt durch die endliche Umschaltgeschwindigkeit, ein Impuls mit einer Amplitude, der eine Feldstärke $E > E_c$ entspricht, eine minimale Zeit auf die Probe einwirken, um ein Umschalten der Polarisation zu bewirken (z. B. [86]). Die Impulsmethoden gestatten also eine Vielzahl zusätzlicher Aussagen über das dielektrische Verhalten von Ferroelektrika, die besonders auch hinsichtlich technischer Anwendungsmöglichkeiten von Interesse sind.

5.4.1. *Messung der umgeschalteten Ladung*

Zur Beobachtung der umgeschalteten Ladung benutzt man die Sawyer-Tower-Schaltung, wobei jedoch im Gegensatz zur Aufzeichnung der dielektrischen Hysterese die Horizontalablenkung des Oszillographen zeitlinear erfolgt (Abb. 81). Eine direkte oszillographische Darstellung der Funktion $P = P(E)$ ist in der Regel nicht möglich, da einerseits die Horizontalverstärker kommerzieller Oszillographen meist nicht über eine zur Darstellung der schnellen Feldstärkeänderungen erforderliche Bandbreite verfügen, andererseits der unterschiedliche Aufbau von Horizontal- und Vertikalverstärker beträchtliche Laufzeitunterschiede hervorruft. Daher ist die Verwendung eines Zweikanaloszillographen vorteilhaft, der es erlaubt, gleichzeitig den zeitlichen Verlauf der Feldstärke und der Polarisation sichtbar zu machen.

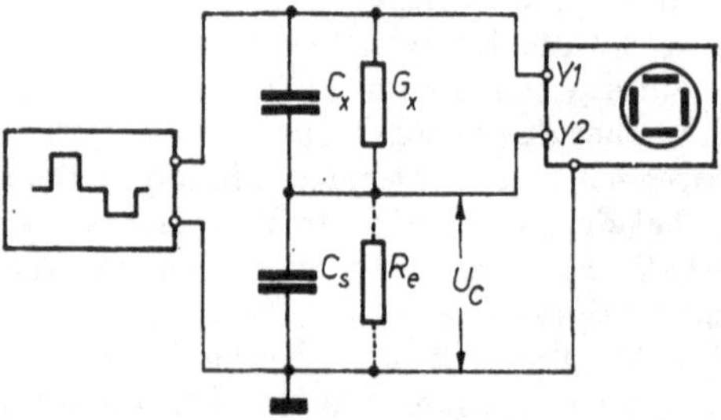

Abb. 81. Schaltung zur Messung der umgeschalteten Ladung

Der Verstärker zur Messung der Spannung am Integrationskondensator C_s muß einerseits, um schnelle Polarisationsänderungen richtig abbilden zu können, eine ausreichende Übertragungsbandbreite besitzen, andererseits muß sein Eingangswiderstand R_e so groß sein, daß sich der Integrationskondensator während der Meßzeit $t_{\text{meß}}$ praktisch nicht über ihn entlädt. Diese beiden Forderungen lassen sich nicht gleichzeitig für beliebige Meßzeiten erfüllen. Während man daher zur Untersuchung schneller Umschaltvorgänge Oszillographenverstärker mit einem Eingangswiderstand von größenordnungsmäßig $10^6\,\Omega$, aber einer gegenüber der Meßzeit sehr kleinen Anstiegszeit verwendet (bei Messungen im Mikrosekundenbereich sollte die Anstiegszeit des Verstärkers kleiner als 100 ns sein, die obere Grenzfrequenz also etwa 10 MHz betragen), muß man zur Darstellung langsamer Relaxationen (im Sekundenbereich) Elektrometerverstärker mit einem Eingangswiderstand $R_e \geqq 10^{10}\,\Omega$ verwenden, die aber eine wesentlich geringere Bandbreite haben können.

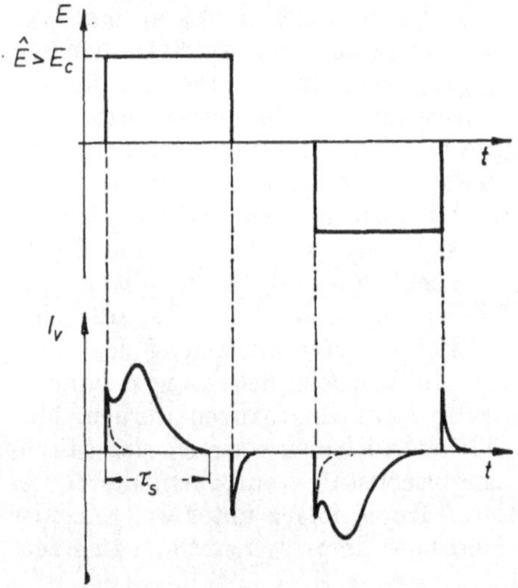

Abb. 82: Zeitlicher Verlauf des Verschiebungsstromes beim Umschalten eines ferroelektrischen Kondensators mit Rechteckimpulsen (gestrichelt: durch die statische Kapazität bedingter Strom)

Auch der Generator muß bestimmten Anforderungen genügen, damit er keine zusätzlichen Relaxationserscheinungen im Meßkreis verursacht. Beim Umschalten der Polarisation fließt ein großer zusätzlicher Verschiebungsstrom $I_P = A_x \cdot \mathrm{d}P/\mathrm{d}t$ (Abb. 82), während sonst nur, ähnlich wie bei einem dielektrisch linearen Kondensator, exponentiell abfallende Ladestromimpulse auftreten. Die Probe kann daher während des Umschaltens durch eine statische Kapazität C_{stat} und eine meist bedeutend größere dynamische Kapazität C_{dyn} beschrieben werden. Der dynamische Innenwiderstand R_i des Impulsgenerators muß so klein sein, daß die Zeitkonstante $R_iC_x = R_i(C_{\text{stat}} + C_{\text{dyn}})$ viel kleiner als die zu untersuchende Relaxationszeit der Polarisation ist. KRUMIN [84] schaltet dem Generator eine zusätzliche Lastkapazität $C_L \gg C_{\text{dyn}}$ parallel, um die Anstiegszeit der Meßspannung praktisch unabhängig von den dielektrischen Eigenschaften der Probe zu machen. Dann muß der Innenwiderstand des Generators selbstverständlich der Bedingung $R_i \ll t_{\text{meß}}/C_L$ genügen. Weiterhin muß das Ruhepotential am Ausgang des Impulsgenerators unabhängig von Amplitude, Impulsform und Tastverhältnis exakt Null sein, denn eine Verschiebung dieses Ruhepotentials würde der Überlagerung einer Gleichspannung gleichkommen, und die Impulse dürfen keine Dachschräge aufweisen. Schließlich benötigt man große Amplituden ($\hat{U} = 10 \cdots 300$ V), um in der Probe die zum Umschalten der Polarisation erforderlichen Feldstärken erzeugen zu können. Auf spezielle Schaltungen kann in diesem Zusammenhang nicht eingegangen werden. Mittels moderner Halbleiterbauelemente lassen sich Mischschaltungen und Impulsendstufen aufbauen, die es gestatten, die benötigten Impulsfolgen unter weitgehender Verwendung kommerzieller Impulsgeneratoren zu erzeugen (z. B. [87, 88]).

Schließlich muß der Einfluß der Probenleitfähigkeit auf das Meßergebnis diskutiert werden. Der meßtechnisch günstigste Fall $C_x/G_x = C_sR_e$, bei dem nicht nur der Einfluß der Probenleitfähigkeit verschwindet, sondern auch kein Integrationsfehler auftritt, läßt sich gerade bei nichtlinearen Dielektrika nicht realisieren. Trotzdem läßt sich der Leitfähigkeitsfehler eindeutig eliminieren, wenn entweder die Meßzeit $t_{\text{meß}}$ bzw. der Leitwert G_x der Probe so klein ist, daß man die innerhalb der Meßzeit über G_x auf den Integrationskondensator C_s fließende Ladung vernachlässigen kann, oder wenn die Zeitkonstante C_s/G_x immerhin noch so klein gegenüber der Meßzeit ist, daß man den Strom über G_x

in guter Näherung als konstant ansehen kann (Abb. 83). In beiden Fällen kann man aus dem zeitlichen Verlauf der Spannung $U_C(t)$ am Integrationskondensator unmittelbar auf den der Polarisation schließen [84].

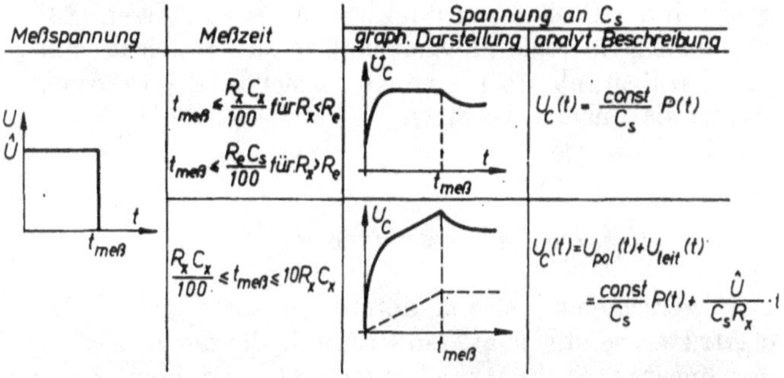

Abb. 83. Zum Einfluß der Probenleitfähigkeit (nach KRUMIN [84])

5.4.2. *Die geklemmte Probe*

Wenn man aus den gemessenen Funktionen $E = E(t)$ und $P = P(t)$ die Zeit eliminiert, kann man wieder die Funktion $P = P(E)$ explizit darstellen. Damit wird es möglich, das dielektrisch nichtlineare Verhalten einer Probe unter den besonderen Bedingungen, die sich aus der sprunghaften Änderung der elektrischen Feldstärke ergeben, zu untersuchen.

Eine piezoelektrische Probe wird durch das elektrische Feld deformiert. Diese Deformation breitet sich in der Probe mit der Geschwindigkeit einer elastischen Welle aus. Ist die Anstiegszeit des Feldstärkeimpulses viel kleiner als die Laufzeit der piezoelektrischen Deformation durch die Probe, ist während dieses Feldstärkesprunges der überwiegende Teil der Probe noch nicht deformiert. Eine piezoelektrische Probe erscheint also während eines genügend schnellen Feldstärkesprunges mechanisch geklemmt. Während eine elektromechanische

Klemmung mittels eines harmonischen Wechselfeldes hinreichend hoher Frequenz auf Grund der dabei auftretenden dielektrischen Erwärmung praktisch nicht realisiert werden kann, bietet dieses Impulsverfahren die Möglichkeit, die dielektrischen Nichtlinearitäten an geklemmten Proben auf direktem Wege zu messen [89]. Um eine genügende Meßgenauigkeit zu erreichen, muß der Oszillograph über eine ausreichende Zeitauflösung (besser als 1 ns/cm) verfügen.

5.4.3. *Messung des Umschaltstromes*

Der Verschiebungsstrom durch ein nichtlineares Dielektrikum setzt sich aus einem Anteil, der der Aufladung der linearen Teilkapazität entspricht, und dem Anteil $I_P = A_x \cdot \mathrm{d}P/\mathrm{d}t$, der durch das Umschalten der Polarisation hervorgerufen wird, zusammen (s. Abb. 82). Wenn die Anstiegszeit der elektrischen Feldstärke hinreichend klein gegenüber der Relaxationszeit der Polarisation ist, spiegelt der zeitliche Verlauf des Polarisationsstromes den Ablauf des Polarisationsvorganges wider. Bei Einkristall-Proben können daraus Rückschlüsse auf die Umschaltmechanismen der Polarisation gezogen werden [90, 91]. Außerdem besteht zwischen der umgeschalteten Ladung und der spontanen Polarisation P_s der einfache Zusammenhang

$$\int_0^{\tau_s} I_P \,\mathrm{d}t = 2A_x P_s$$

(τ_s Schaltzeit, s. Abb. 82; A_x Elektrodenfläche der Probe), wenn die Impulsamplitude so groß ist, daß die Probe vollständig umpolarisiert wird [6].

Der Verschiebungsstrom läßt sich einfach messen, wenn man in Serie zur Probe einen kleinen Widerstand R_s schaltet, an dem eine diesem Strom proportionale Spannung abgegriffen werden kann (Abb. 84). Bei der Dimensionierung des Serienwiderstandes ist zu beachten, daß er in Reihe zum dynamischen Innenwiderstand des Impulsgenerators liegt und die Anstiegszeit der Spannung an der Probe mit bestimmt. Mittels eines Zweikanaloszillographen lassen sich Feldstärke und Polarisationsstrom gleichzeitig als Funktion der Zeit sichtbar machen. Dabei werden, da R_s und der Generatorinnenwiderstand klein sind, an die Eingangswiderstände der Verstärker keine besonderen Anforderungen gestellt. Andererseits wird das Meßergebnis wegen des kleinen Wertes von R_s auch durch die Probenleitfähigkeit nicht wesentlich beeinflußt.

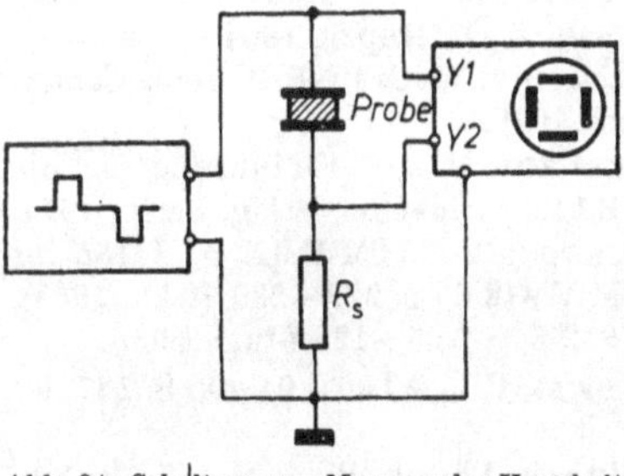

Abb. 84. Schaltung zur Messung des Umschaltstromes (nach MERZ [90])

Literaturverzeichnis

[1] FRÖHLICH, H.: Theory of Dielectrics. University Press, Oxford 1958.

[2] VON HIPPEL, A. R.: Dielectrics and Waves. The M.I.T. Press, Cambridge, Mass. 1954.

[3] KITTEL, C.: Einführung in die Festkörperphysik. Akademische Verlagsanstalt Geest & Portig K.G., Leipzig 1973.

[4] MARTIN, H.-J.: Die Ferroelektrika. Akademische Verlagsanstalt Geest & Portig K.G., Leipzig 1964.

[5] CADY, W. G.: Piezoelectricity. McGraw-Hill Book Comp., Inc., New York, London 1946.

[6] SONIN, A. S., und STRUKOV, B. A.: Einführung in die Ferroelektrizität, WTB 140. Akademie-Verlag, Berlin 1974.

[6a] MECKE, R., und ROSSWOG, K.: ATM V 942-5, S. 185 bis 188 (Aug. 1955); ATM V 942-6, S. 229–230 (Okt. 1955).

[6b] BEYER, M.: ATM V 942-8, S. 125–128 (Juni 1960).

[6c] MECKE, R., und LUDWIG, W.: ATM V 942-9, S. 127 bis 128 (Juni 1962).

[7] KOHLRAUSCH, F.: Praktische Physik, Bd. 2, S. 177, 19. Auflage. B. G. Teubner Verlagsgesellschaft, Leipzig 1955.

[8] BERNDT, K.: Dissertation. Martin-Luther-Universität, Halle 1976.

[9] GLASS, A. M.: J. Appl. Phys. **40**, 4699 (1969).

[10] VÖLZ, H.: Elektronik für den Naturwissenschaftler, S. 215. Akademie-Verlag, Berlin 1974.

[11] SCHLOSSER, E., und HORN, G.: Z. Exp. Phys. **11**, 145 (1963).

[11a] BAKER, A. J., and PIERCY, A. R.: J. Phys. E (Sci. Instr.) **9**, 475 (1976).

[12] RINT, C.: Handbuch für Hochfrequenz- und Elektrotechniker Bd. 3, S. 689ff. Verlag für Radio-Foto-Kinotechnik, Berlin-Borsigwalde 1954.

[13] DABROWSKI, G.: Genauer Meßbrückenabgleich. Neues von Rohde & Schwarz 23 (Sept. 1966) S. 30–37.

[14a] PANDER, K.: ATM V 942-10, S. 283–284 (Dez. 1963).
[14b] KRÖNERT, J.: Meßbrücken und Kompensatoren, Bd. 1. Verlag von R. Oldenburg, Berlin und München 1935.
[14c] STOLL, B.: ATM V 942-16, S. 129–132 (Juli/Aug. 1975).
[15] DABROWSKI, G.: Moderne Meßverfahren für Widerstände, Spulen und Kondensatoren (II). Neues von Rohde & Schwarz 38 (Aug./Sept. 1969) S. 21–26.
[16] Some notes on bridge measurements. Wayne Kerr Technical Review, Wayne Kerr Co. Ltd., Bognor Regis, Sussex, England.
[17] MCGREGOR, M. C. et al.: IRE Trans. Instr. I-7, 253 (1958).
[18] EUGENE, C.: Rev. E. (Belgium) **7**, 316 (1974).
[19] RINT, C.: Handbuch für Hochfrequenz- und Elektrotechniker, Bd. 3, S. 670ff. Verlag für Radio-Foto-Kinotechnik, Berlin-Borsigwalde 1954.
[20] HARTSHORN, L., and WARD, W. H.: J. IEE **79**, 597 (1936).
[21] BARRIE, I. T.: Proc. IEE **112**, 408 (1965).
[22] REDDISH, W. et al.: Proc. IEE **118**, 255 (1971).
[23] SCHRÖDER, H.: Elektrische Nachrichtentechnik, Bd. 1. Verlag für Radio-Foto-Kinotechnik, Berlin-Borsigwalde 1964.
[24] HATTA, I.: J. Phys. Soc. Jap. **24**, 1043 (1968).
[25] STERN, E., and LURIO, A.: Phys. Rev. **123**, 117 (1961).
[26] MONTGOMERY, C. G.: Techniques of Microwave Measurements. Rad. Lab. Ser. Vol. 11, McGraw-Hill Book Comp., Inc., New York 1947.
[27] BADEN FULLER, A. J.: Mikrowellen. Friedrich Vieweg & Sohn, Braunschweig 1974.
[28] FRIESER, A.: Mikrowellenmeßtechnik, WTB 28. Akademie-Verlag, Berlin 1965.
[29] MEGLA, G.: Dezimeterwellentechnik, 5. Aufl., VEB Verlag Technik, Berlin 1961.
[30] SMITH, P. H.: Electronics **12**, 29 (1939).
[31] DRUDE, P. K. L.: Ann. Phys. Chem. **55**, 633 (1895).
[32] EICHACKER, R.: Rohde & Schwarz Mitteilungen, Nr. 11 (Dez. 1958), S. 185; Nr. 15 (April 1961), S. 15.
[32a] LERTES, E.: ATM V 942-12, S. 61–62 (April 1973).
[33] HEISTER, W.: Techn. Mitt. Krupp-Forsch.-Ber. Bd. 24, H. 2 (1966), S. 49.
[34] MAIER, H. G.: Frequenz **24**, 239 (1970).
[35] TISCHER, F. J.: Mikrowellenmeßtechnik, S. 224–225. Springer-Verlag, Berlin–Göttingen–Heidelberg 1958.

[36] Lertes, E.: Z. Angew. Phys. **22**, 209 (1967).
[36a] Lertes, E., und Schütz, H.: ATM V 942-11, S. 29–30 (Febr. 1973).
[36b] Lertes, E., und Kaminski, R.: ATM V 942-13, S. 233 bis 234 (Dez. 1973).
[37] Groll, H.: Mikrowellenmeßtechnik. VEB Verlag Technik, Berlin 1969.
[38] Philippow, E.: Taschenbuch Elektrotechnik, Bd. 1, S. 308ff. VEB Verlag Technik, Berlin 1968.
[39] Wind, M., and Rapaport, H.: Handbook of Microwave Measurements, Chap. 10, sec. 29. Polytechnic Institute of Brooklyn, New York 1955.
[40] Bäumler, P., u. a.: Z. für Physik **180**, 96 (1964).
[41] Marcuwitz, N.: Waveguide Handbook. Rad. Lab. Ser. Vol. 10. McGraw-Hill Book Comp., Inc., New York 1947.
[42] Schmitt, H. J.: Z. Angew. Phys. **9**, 107 (1957).
[43] Jäckle, W.: Z. Angew. Phys. **12**, 148 (1960).
[44] Sandy, F.: Dielectric dispersion in ferroelectric rochelle salt. Air Force Cambridge Res. Lab., Sci. Report No. 3; AF 19 (628) – 3874, Jan. 1965; AFCRL – 65 – 250.
[45] Montgomery, C. G., Dicke, R. H., and Purcell, E. M.: Principles of Microwave Circuits. Rad. Lab. Ser. Vol. 8. McGraw-Hill Book Comp., Inc., New York 1948.
[46] Sharpe, C. B., and Brockus, C. G.: J. Am. Ceram. Soc. **43**, 302 (1960).
[47] Lueg, H., und Ruppersberg, H. K.: A. E. Ü. **9**, 533 (1955).
[48] Фоусек, Ян: Чехосл. физ. журн. **8**, 732 (1958).
[49] Иванов, И. В. и Петров, В. М.: Изв. А Н. СССР, сер. физ. **22**, 1524, (1958).
[50] Luther, G., und Müser, H. E.: Z. Angew. Phys. **29**, 237 (1970).
[51] Stanford, A. L., and Thiess, G. H.: Rev. sci. Instr. **31**, 1354 (1960).
[52] Teague, J. R., and Rice, R. R.: J. Appl. Phys. **46**, 2864 (1975).
[53] Chipmann, R. A.: J. Appl. Phys. **10**, 27 (1939).
[54] Hill, R. M., and Ichiki, S. K.: Phys. Rev. **128**, 1140 (1962).
[55] Davis jr., L., and Rubin, L. G.: J. Appl. Phys. **24**, 1194 (1953).
[56] Powles, J. G., and Jackson, W.: Proc. IRE **96**, 383 (1949).

[57] POINTON, A. J., and WOODMAN, K. F.: J. Phys. E (Sci. Instr.) **4**, 208 (1971).
[58] BARLOW, H. M., and CULLEN, A. L.: Microwave Measurements, S. 275. Constable & Co., London 1950.
[59] HARTSHORN, L., and SAXTON, J. A.: Handbuch der Physik, Bd. 16, S. 671ff. Springer-Verlag, Berlin—Göttingen—Heidelberg 1958.
[60] ROUSSY, G., and FELDEN, M.: IEEE Trans. MTT-14, No. 4, 171 (1966).
[61] HORNER, F. et al.: J. IEE 93/III, 53 (1946).
[62] BORGNIS, F. E., and PAPAS, C. H.: Handbuch der Physik, Bd. 16, S. 406ff. Springer-Verlag, Berlin—Göttingen—Heidelberg 1958.
[63] KAMINOW, J. P., and HARDING, G. O.: Phys. Rev. **129**, 1562 (1963).
[64] KOPPATZ, P., und SEIDER, K.-H.: Exp. Techn. Phys. **18**, 345 (1970).
[65] BELL, R. O., and RUPPRECHT, G.: Trans. IRE MTT-9, 239 (1961).
[66] RUPPRECHT, G., and BELL, R. O.: Phys. Rev. **135**, A 748 (1964).
[67] SAWYER, C. B., and TOWER, C. H.: Phys. Rev. **35**, 269 (1930).
[68] SINHA, J. K.: J. Sci. Instr. **42**, 696 (1965).
[69] WIEDER, H. H.: J. Appl. Phys. **27**, 413 (1956).
[70] HRDLIČKA, J., MASTNER, J., and VELVARSKÝ, J.: Various hysteresis loop tracers for a wide frequency range. Proc. Europ. Meet. Ferroelectricity, Saarbrücken 1969, S. 255 bis 258.
[71] DIAMANT, H., DRENCK, K., and PEPINSKY, R.: Rev. Sci. Instr. **28**, 30 (1957).
[72] SCHUBRING, N. W., NOLTA, J. P., and DORK, R. A.: Rev. Sci. Instr. **35** II, 1517 (1964).
[73] SCHRÖDER, H.: Elektrische Nachrichtentechnik, Bd. 3, S. 492ff. Verlag für Radio-Foto-Kinotechnik GmbH, Berlin-Borgiswalde 1972.
[74] MASTNER, J.: J. Phys. E (Sci. Instr.) Ser. 2, **1**, 1249 (1968).
[75] BORCHHARDT, G., und ROST, A.: Wiss. Z. Univ. Halle **26**, 57 (1977).
[76] BORCHHARDT, G., und ROST, A.: radio-fernsehen-elektronik **25**, 396—400, 773—776 (1976).
[77] SCHMIDT, G.: Exp. Techn. Phys. **6**, 6 (1958).

[78] Kopp, A.: Diplomarbeit. Sektion Physik der Martin-Luther-Universität, Halle 1974.
[79] Döhn, G.: Diplomarbeit. Sektion Physik der Martin-Luther-Universität, Halle 1976.
[80] Arndt, H.: Wiss. Z. Univ. Halle **26**, 17 (1977).
[81] Drougard, M. E., Funk, H. L., and Young, D. R.: J. Appl. Phys. **25**, 1166 (1954).
[82] Drougard, M. E., Landauer, R., and Young, D. R.: Phys. Rev. **98**, 1010 (1955).
[83] Matsuda, T., and Abe, R.: J. Phys. Soc. Jap. **34**, 418 (1973).
[84] Крумин, А. Э.: Метод комплексного исследования релаксационных и нелинейных характеристик поляризации поликристаллических сегнетоелектриков с учетом проводимости.
ЛГУ им. П. Стучки, Рига 1970, УДК 537. 226. 33.
[85] Campbell, D. S.: J. IRE **17**, 385 (1957).
[86] Taylor, G. W.: J. Appl. Phys. **37**, 593 (1966).
[87] Borchhardt, G., und Rost, A.: radio-fernsehen-elektronik **23**, 692 (1974).
[88] Borchhardt, G.: radio-fernsehen-elcktronik **26**, 133 (1977).
[89] Borchhardt, G., Schmidt, G. and Rost, A.: phys. stat. sol. (a) **33**, 143 (1976).
[90] Merz, W. J.: Phys. Rev. **95**, 690 (1954).
[91] Merz, W. J.: J. Appl. Phys. **27**, 938 (1956).

Sachverzeichnis

Der Verfasser

- gibt einen Überblick über die Methoden zur Untersuchung dielektrischer Stoffeigenschaften

- behandelt neben den Verfahren zur Messung der komplexen Dielektrizitätskonstanten auch die speziellen, zur Untersuchung nichtlinearer Dielektrika entwickelten Meßmethoden

- stellt die ausführliche mathematische Behandlung insbesondere der Höchstfrequenzmeßverfahren zugunsten einer mehr anschaulichen Darstellung zurück

- weist auf systematische Fehler und ihre experimentelle oder rechnerische Korrektur im Zusammenhang mit den verschiedenen Meßmethoden hin

WISSENSCHAFTLICHE TASCHENBÜCHER

MIX
Papier | Fördert
gute Waldnutzung
FSC® C083411

Zeitfracht Medien GmbH
Ferdinand-Jühlke-Straße 7
99095 Erfurt, Deutschland
produktsicherheit@kolibri360.de